普通高等教育面向21世纪 动漫系列教材

# 动画
# 非线性编辑教程

房晓溪 编 著

中国水利水电出版社
www.waterpub.com.cn

## 内 容 提 要

本书从介绍当代影视创作中非线性编辑技术的工艺流程、核心技术概念以及当前主流的非线性编辑系统的应用等入手，通过对典型实例的全面讲解，详细介绍主流非线性编辑软件Adobe Premiere Pro各功能模块的特点，并将非线性编辑技术应用于创作实践之中。本书力争从技术和艺术两方面出发，让读者了解影视动画非线性编辑的相关知识，为学习掌握影视动画制作打下坚实的基础。

本书可作为高等学校数字媒体技术、广播电视、动画、游戏、新闻传播、网络传播、计算机科学与技术等相关专业的教材，也适合作为电视制作人员、动画与游戏开发人员、多媒体设计开发人员和相关专业教师的提高性读物。

图书在版编目（C I P）数据

动画非线性编辑教程 / 房晓溪编著. -- 北京 : 中国水利水电出版社, 2011.10
普通高等教育面向21世纪动漫系列教材
ISBN 978-7-5084-7716-9

Ⅰ. ①动… Ⅱ. ①房… Ⅲ. ①动画制作软件, Premiere Pro－高等学校－教材 Ⅳ. ①TP317.4

中国版本图书馆CIP数据核字(2011)第198660号

| 书　名 | 普通高等教育面向21世纪动漫系列教材<br>动画非线性编辑教程 |
|---|---|
| 作　者 | 房晓溪　编著 |
| 出版发行 | 中国水利水电出版社<br>（北京市海淀区玉渊潭南路1号D座　100038）<br>网址：www.waterpub.com.cn<br>E-mail：sales@waterpub.com.cn<br>电话：（010）68367658（发行部） |
| 经　售 | 北京科水图书销售中心（零售）<br>电话：（010）88383994、63202643、68545874<br>全国各地新华书店和相关出版物销售网点 |
| 排　版 | 北京零视点图文设计有限公司 |
| 印　刷 | 北京市兴怀印刷厂 |
| 规　格 | 210mm×285mm　16开本　8.5印张　227千字 |
| 版　次 | 2011年10月第1版　2011年10月第1次印刷 |
| 印　数 | 0001—3000册 |
| 定　价 | 26.00元 |

凡购买我社图书，如有缺页、倒页、脱页的，本社发行部负责调换

# 前　言

以创意经济为核心的新型文化产业已经成为当今发达国家的经济支柱，而在这支产业队伍中，动画产业异军突起，已经成为一支和通信等高科技产业并行的、极具发展潜力和蓬勃朝气的生力军。相比之下，我国的动画产业存在从业人员数量不足，尤其是中高级的创作型人才；动画作品缺乏鲜明的民族特色；对宝贵的民族文化资源发掘利用不足；动画、漫画的自主研发和原创能力相对较低等问题。针对这一现状，国家在政策、资金等方面对动漫创意产业加大了扶持力度，不仅推出了一批动画产业科技园区，还建立了一定数量的民营动画公司大规模参与制作，积极寻找民族化的动画产业振兴之路。

全国各地高校纷纷创办成立了动画学院和动画专业，制定了中长期的人才培训计划，为国产动画创作培养艺术与技术结合的复合型专业人才。尽管如此，动画理论研究的严重滞后，一定程度上制约了动画、漫画作品艺术水平的提高，影响了动画、漫画产业化的进程，因此急需一批高质量的动画理论著作进行学理化的规范，并对创作实践进行指导。

本书由9章构成，内容包括对非线性系统的介绍，对Premiere功能模块的操作介绍及Premiere Pro 2.0新功能的介绍，Premiere Pro 2.0窗口的使用、基本面板的使用、字幕的制作、运动效果的制作，音频剪辑的应用及渲染输出。

本书注重理论与实践相结合、艺术与技术相结合、充分利用学生善于读图的形象思维方式讲解知识要点，便于学习掌握。

本书可以作为高等学校的数字媒体技术、广播电视、动画、游戏、新闻传播、网络传播、计算机科学与技术等相关专业的教材，也适合作为电视制作人员、动画与游戏开发人员、多媒体设计开发人员和相关专业教师的提高性读物。

由于技术的不断成熟，制作工具会不断发展进步，制作手段也会不断完善与成熟，我们希望本书能够起到抛砖引玉的作用。欢迎广大读者与我们联系，提出宝贵的意见和建议，以便我们在以后的版本中不断改进。

作者

2011年6月

# 目 录

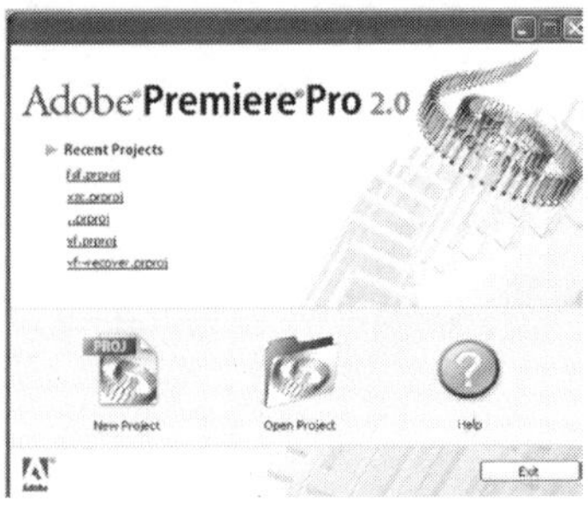

Adobe Premiere Pro 2.0
Recent Projects
New Project
Open Project
Help
Exit

Clip Notes
Reviewer Name
CreativeCOW
Add
Save
Delete

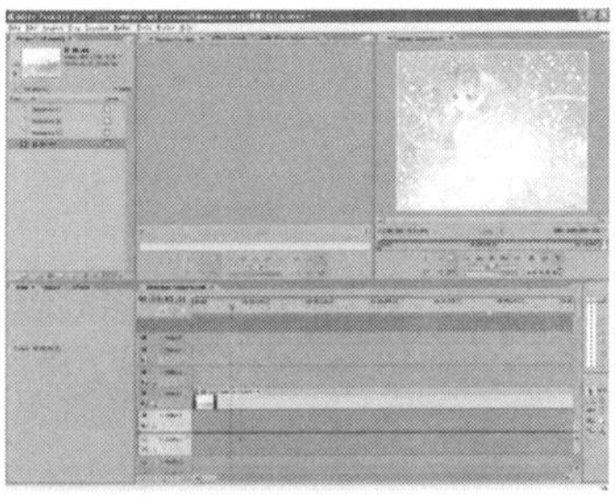

# 第1章 主流非线性编辑设备

## ※ 本章主要内容

- ◆ Avid系列非线性编辑系统
- ◆ Final Cut Pro系列非线性编辑系统
- ◆ Premiere非线性编辑系统
- ◆ Fire/Smoke非线性编辑系统
- ◆ DPS非线性编辑系统
- ◆ DVStorm非线性编辑系统
- ◆ 非线性编辑技术发展方向

## ※ 本章难点

- ◆ 掌握Premiere非线性编辑系统操作
- ◆ 了解非线性编辑技术发展方向

## ※ 本章重点

- ◆ Premiere非线性编辑系统操作

## ※ 学习目标

- ◆ 掌握Final Cut Pro系列非线性编辑系统
- ◆ 了解DPS非线性编辑系统
- ◆ 掌握DVStorm非线性编辑系统操作
- ◆ 了解非线性编辑技术发展方向

本章对当今世界上最主流的几种非线性编辑软件系统及配套硬件设备进行较为详细的介绍，还总结了若干数字非线性编辑技术的发展方向。通过本章内容，读者在非线性编辑技术层面的知识能够得到进一步强化，如果将来在实际影视创作中碰到这些不同的系统，相信也不会感到陌生。

**关键词**

- Avid
- Final Cut Pro
- Premiere
- Fire/Smoke
- DPS
- DV storm
- 中央处理器（CPU）
- 硬盘存储系统
- 图形图像加速芯片

随着计算机图像技术的快速发展以及影视制作行业的激烈竞争，各种先进的非线性编辑系统层出不穷。现就目前较为流行的几种非线性编辑系统向大家做一个简单的介绍。

## 1.1 Avid系列非线性编辑系统

Avid公司是一家在计算机图像领域规模庞大、技术先进的老牌美国公司，在非线性编辑领域至今仍处于领先地位。现在向大家介绍其DS、Aivd Xpress Pro非线性编辑系统。

### 1. DS非线性编辑系统

DS非线性编辑系统是Avid公司系列非线性编辑系统中的高端产品，在高性能硬件环境下配合功能强大的DS V6.0版本的软件，能够实现全线非线性联机、脱机和电影编辑功能，压缩比小，运算速度快，能满足电影制片厂、电视台、制作公司等各种用户层次的需要。在此基础上集成了以前Avid公司的高端合成软件Media Illusion模块，合成特效功能非常强大，可以说是目前功能最为全面的非线性编辑系统，如图1-1所示。

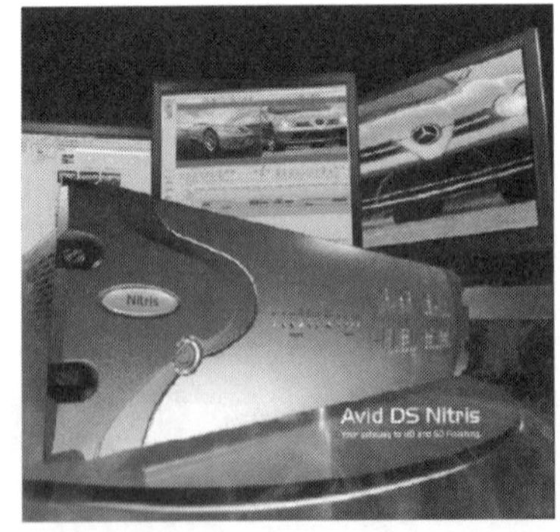


图 1-1　Avid 公司的 DS 非线性编辑系统

该系统的相关技术参数请访问www.Avid.com网站。

### 2. Aivd Xpress Pro非线性编辑系统

Avid公司在NAB 2003上向公众展示了Avid Xpress(r) Pro 编辑软件系统和 Avid Mojo(tm)硬件系统，Avid Xpress(r) Pro 编辑软件系统是新一代非线性编辑软件，而Avid Mojo(tm)硬件系统则是轻便的、Avid新一代数字化非线性加速硬件设备，即Avid DNA(tm)设备。Avid Xpress(r) Pro软件系统和Avid Mojo(tm)硬件系统的联合使用可以极大地增强当今个人计算机用户处理媒体资源的能力，使用户可以在Windows XP平台和Macintosh OS X平台中以真正实时的方式发送视频、电影、进行音频编辑、完成DV和模拟输出操作。Avid Xpress(r) Pro 软件系统还提供对24p数字化视频工程的支持，使用自动化的专家级色彩修正技术，另外还可以通过标准FireWire(r)电缆连接发送未压缩视频媒体资源。图1-2所示是Aivd Xpress Pro的编辑工作界面，图1-3所示是Aivd Xpress Pro非线性编辑系统的全套软硬件。

图1-2　Avid 公司的 Aivd Xpress Pro 非线性编辑系统操作界面（自动校色）

图1-3　Avid 公司的 Aivd Xpress Pro 非线性编辑系统的全套软硬件设备图（带 Mojo 硬件）

相关技术参数请访问www.Avid.com网站。

# 1.2 Final Cut Pro系列非线性编辑系统

Final Cut Pro系列非线性编辑系统是美国Apple公司充分吸收Avid MC系列等成熟非线性编辑系统优势而设计开发的一系列数字非线性编辑系统。该系统产品按其功能分成多个不同档次的产品以适应不同用户的需求。

具体来说，Final Cut Pro是用于苹果机的编辑软件包，能够进行视频编辑与合成，以及制作特效，用户界面也设计得很好。

Apple Final Cut Pro在与品尼高公司的CineWave系列或AJA的Kona系列采集卡一起使用时，可以进行硬件的实时设置和选择使用软件的其他实时功能。

Final Cut Pro也适用于笔记本电脑的编辑工作，它从RAM中读取过渡（Transition）和字幕（Title），因此能够以Mac G5 500MHz或更高的频率进行实时预览。专家们最欣赏它功能强大的校色工具（Color Correction Tool）和友好的用户界面。对于想制作用于“高清”HDTV的产品的用户来说，Final Cut Pro是最经济的解决方案，图1-4所示是Final Cut Pro在Mac G5上运行的情形。

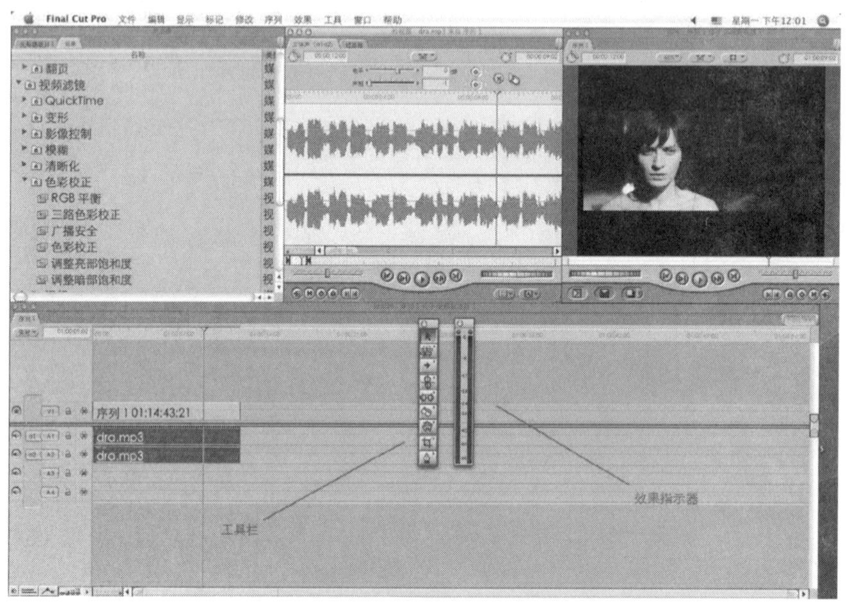


图 1-4　Final Cut Pro 非线性编辑系统的工作界面

图 1-5（一）　Final Cut Pro 软件得到 G5 台式机和笔记本硬件性能上的强大支持

图 1-5（二） Final Cut Pro 软件得到 G5 台式机和笔记本硬件性能上的强大支持

相关技术参数请访问www.apple.com网站。

## 1.3 Premiere非线性编辑系统

传统的非线性编辑系统经过较长时间的发展已经非常成熟，随着PC硬软件技术的飞速发展，PC机的性能也得到了很大的提高，因此，MC系列的MC 9000、MCXpress、Media 100等非线性编辑软件纷纷都推出了运行在PC机Windows NT平台上的版本，这使得非线性编辑系统的成本大幅度降低。同时原本在PC机上运行的非线性编辑软件也不甘人后，随着新版本的不断涌现，功能较以前也有了很多改进，这其中尤其以Adobe公司出品的Adobe Premiere Pro软件为代表，图1-6所示是Premiere Pro非线性编辑系统的工作界面。

图 1-6 Premiere Pro 的操作界面

相关技术参数请访问www.adobe.com网站。

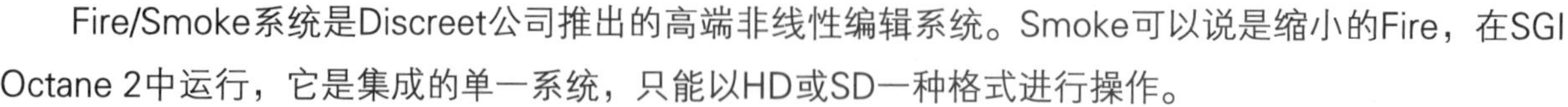

## 1.4 高端Unix平台上的Fire/Smoke系统

Fire/Smoke系统是Discreet公司推出的高端非线性编辑系统。Smoke可以说是缩小的Fire，在SGI Octane 2中运行，它是集成的单一系统，只能以HD或SD一种格式进行操作。

Smoke支持24p 2K的重放功能，还提供了实时互动的Full RGB 4:4:4分辨率的改进后的3D DVE模块。

通过Smoke，编辑人员可以轻松地进行实时HD Master操作，并能以多种数字格式输出结果。和Fire一样，Smoke 5支持OMFI，从而能轻松导入Avid的EDLs和Sequence。

Smoke具有强大的颜色调节功能和细致的跟踪控制，并提供多种插件，非常适合于高端商业广告节目的编辑与合成。价格根据系统配置而有所不同，如图1-7所示。

图 1-7　Smoke 非线性编辑系统的硬件配置

相关技术参数请访问www.discreet.com网站。

## 1.5 经济方便的DPS非线性编辑系统

DPS的Velocity系列是其主流的非线性编辑产品，它将实时硬件和功能强大的软件完美结合在一起，能够以压缩/非压缩方式捕捉影像，并能编辑用计算机制作的动画和多种格式的静态图像。

使用松下WJ-MX20 Swither技术的Multi Camera Webcasting功能、Realtime Webstreaming功

能，以及互联网上的各种免费插件都能与3ds max、Maya、After Effect等软件和Velocity集成使用。用于影像合成的专业软件Digital Fusion可以在Velocity timeline上直接联动运行，使用户能制作出更高级的影像作品。

作为DPS Velovity 8.0的新功能，它支持实时garbage mattes（垃圾挡板）、Multi-Camera（多摄像机）编辑、Alpha通道的视频文件实时编辑、用户可选的A/X/B或单轨（Single Track）编辑模式，此外还提供了将新型合成软件Digital Fusion DFX+直接与时间线（Timeline）集成的功能，如图1-8所示。

图 1-8　DPS 非线性编辑软件的工作界面

相关技术参数请访问www.btl.com.hk网站。

## 1.6 DV系列的优秀解决方案——DVStor非线性编辑系统

DVStorm系统可以说是PC平台上性价比最高的DV解决方案，最新版本是由日本Canopus公司于2003年9月中旬推出的2.0版本，它的特点是添加了实时3D过渡效果（Transition Effect），增加了颜色调节功能，并提供MPEG编码与编辑工具和改进后的捕捉功能。DVStorm 2应用Canopus DVCodec这样的独家技术，为用户提供稳定的实时操作性能和Multi-track编辑功能。

DVStorm 2.0的实时编辑功能更为优越，它提供28个实时2D/3D Transition Effect、新的3D Picture Transition以及15个3D Xplode Transition。

此外它还提供White Balance和Black Balance等新型视频过滤器，并添加了颜色调节功能。在视频捕捉方面，DVStorm 2.0的特点是能对单独路径进行扫描和捕捉（Single Path Scan/Capture），利用新添加的OHCI卡，可以从Multiple DV Input同时捕捉视频。

DVStorm 2.0除了提供本公司生产的MPEG工具外，还提供了Canopus实时MPEG硬件编码模块StormEncoder。StormEncoder将DVStorm的MPEG声频编码技术与松下的MN85560 MPEG编码技术相结合，从而生成制作DVD与Video Stream所需的视频和音频，并提供VBR和CBR选项（1～15MB）。对于音频来说，它能够以16位48kHz支持PCM和MPEG Layer两种格式。

DVStorm 2.0的用户如果使用StormEncoder，并配合使用Canopus的MediaCruise Control软件，则可以从DV和Analog Source直接对MPEG-1和MPEG-2文件进行实时编码。Media Cruise Control软件的用户图形界面使用方便，能轻松地进行视频捕捉和编码工作。

Canopus提供了用于基础编辑的MPEG编辑工具MpegCutter、用于高级Desktop Search与MPEG文件预览的MpegExplorer，以及将高比特率的MPEG文件高速转换为低比特率文件的MpegRe-encoder，如图1-9所示。

图 1-9　DVStorm 非线性编辑软件的工作界面

相关技术参数请访问www.canopus.us或www.canopus.co.jp（日文）网站。

## 1.7 非线性编辑技术的发展方向

随着计算机图像技术、数字视频技术以及多媒体技术的不断发展，现代的数字非线性编辑技术从诞生到现在短短20年左右的时间里取得了巨大的发展，已经达到一个较为成熟的水平。无论在电影剪辑、电视编辑、广告及片头制作以及电视直播转播等方面都得到了广泛的应用。硬件性能不断提高，软件版本不断升级，种类也不断扩充，运行平台包含了PC机、Macintosh（苹果）及工作站等多种平台，产品系统从上百万的高端设备到几万甚至几千的低端设备一应俱全，相互间的兼容性及对网络的支持都比较好，能够满足多方面的需求。

当然这一切并不说明非线性编辑技术已经发展到了极限，相反，非线性编辑系统计算机硬软件、网络及技术应用方面还存在相当广阔的发展空间。

在计算机硬件方面，中央处理器（CPU）的运算速度是制约非线性编辑系统运行速度和工作效率的一个重要因素，主要反映在系统启动时间和编辑结果生成时间上面。无论是后期的导演还是制作人员，相信不会有人会满足于非线性编辑系统的运算速度，对于我们来说，运算速度总是越快越好，这方面以Intel公司为代表的PC处理器生产厂商已经取得巨大的成功，高端非线性编辑系统SoftDS就是采用Intel公司提供的Pentium 4服务器XEON芯片（双CPU）。

由于视频图像的数据量非常大，其计算量同样非常繁重，这就涉及了文件存储介质——硬盘和专用图像芯片（显卡）的性能。先对专用图像处理芯片进行讨论。由于中央处理器运算能力有限，远远不能满足非线性编辑中压缩编码以及解压缩回放的计算量，因此需要专门的视频图像处理芯片对这种工作加以处理，完成JPEG、M-JPEG等压缩解压缩的运算。而现在的一些高品质视频图像处理器还能实现传输控制、视频显示以及图形加速等功能，承担了中央处理器（CPU）和其他硬件的一部分工作，提高了非线性编辑系统的整体性能。因此，专用图像处理芯片的运算速度及性能设计需要不断地提高和完善。其中，Nvidia、ATI等图像显示芯片厂商也随着时间推移不断推出高性能的图形芯片。图1-10（a）所示是丽台Winfast A400 TDH显卡，图1-10（b）所示是另一主要显卡厂商的ATI X600XT显卡。

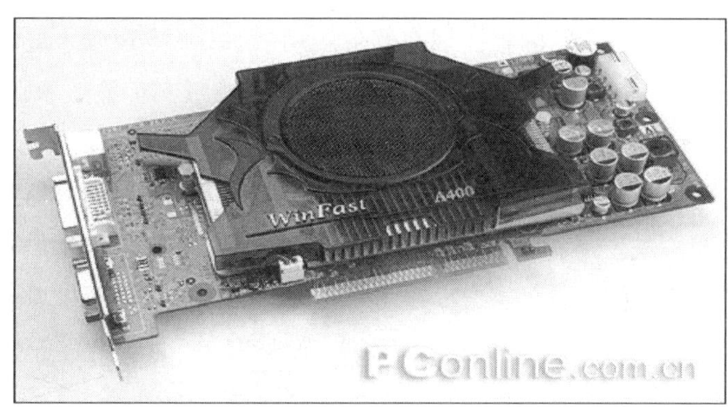


（a）

（b）

图1-10

要实现编辑过程中视频信号的高保真和无压缩，必然需要有大容量的高速硬盘，现在大容量高速SCSI硬盘及其硬盘阵列在专业高端的非线性编辑系统上应用较为普遍，低端PC机上IDE硬盘的容量和速度也在不断地提高，现在苹果公司已经推出基于IDE硬盘的光纤磁盘阵列（X–Raid），如图1–11所示。相信将来还会有长足的发展。

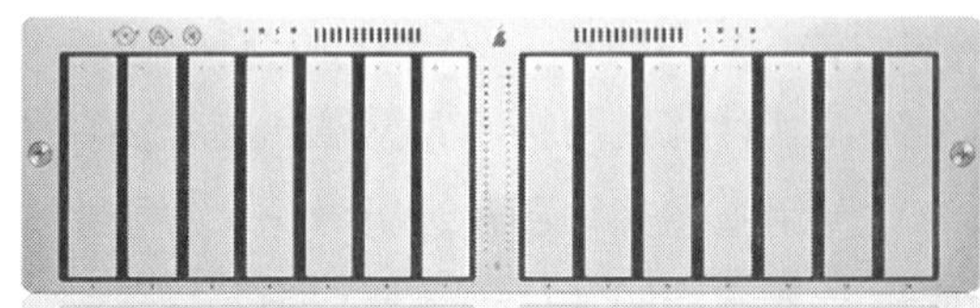


图 1-11　基于 IDE 硬盘的光纤磁盘阵列

苹果公司推出的高速光纤磁盘IDE阵列的读写速度能够达到150Mb/s以上，完全能够满足从“高清”到DV的实时无压缩采集和编辑。

网络化是计算机技术发展的趋势，同样也是非线性编辑技术发展的趋势。通过网络可以实现编辑素材及成果的共享，甚至可以实现多个非线性编辑系统的协同编辑。这样，网络的传输速率就成为影响非线性编辑系统网络化的一个决定因素。现在普遍应用的100兆高速以太局域网技术其理论带宽虽然可达100Mb/s，但由于其占先式的传输协议（CSMA/DA）造成其传输效率随节点（Node）的增加而下降，传输速率经常只有十几兆甚至几兆，不能满足大量视频数据传输的需要。而最近发展起来的ATM高速宽带光纤传输网络由于其传输速率非常快，已在Avid等非线性编辑系统上得到一定的应用，相信随着ATM宽带网络技术的发展和完善，非线性编辑系统网络化能够逐渐实现。Avid公司针对DV平台推出的LanShare网络素材服务器解决方案在网络化非线性编辑方面是非常有代表性的好产品。如图1–12所示，几十台上百台Avid XpressDV非线性编辑系统可以同时使用服务器上的DV素材。

图 1-12　Avid Unity LANshare EX 硬盘阵列存储设备

Avid Unity LANshare EX是Avid Unity共享存储产品系列的新成员，该产品是一款中等规模的产品，能够为一些小的工作组提供优质服务。在这些小的工作组中通常都包括有高清晰度要求和低清晰度要求的客户，在完成各种工程项目时通常都需要足够的存储空间。LANshare EX系统在其集成的服务器和存储底盘中既可以使用光纤也可以使用以太网进行互连，既可以为使用脱机清晰度的系统提供简单、低成本的连接，也可以为后期制作时需要较高清晰度的系统提供强大的高带宽连接。这种组合的方式意味着在为工作组提供高效率的同时可以有效地削减成本，可以极大改善地使用超过两个系统的工作组的实际工作流程，为整个工作组带来极大便利。

非线性编辑技术的软件，其发展的速度超过了硬件，这一点从现在五花八门的PC平台上的非线性编辑软件可见一斑。在操作系统的移植方面，非线性编辑软件已经长足地发展，例如Avid公司的MC系统非线性编辑软件已成功地移植到PC平台上。软件的图像算法设计、特技效果功能、插件部分、运行速度及稳定性、与操作系统及硬件的接口设计等诸多方面已经发展得较为成熟。苹果公司推出的Final Cut Pro系列软件自推出几年时间以来，凭借其优异的性能表现在电视电影的创作中也有大量的应用。而也就是这些方面的发展在短时期内仍没有尽头，发展的空间非常广大。

随着计算机硬软件及网络化的发展，非线性编辑系统在功能、运行速度及稳定性等方面都将会有进一步的扩充和改善。因此，其应用范围也会有很大的扩展，从单纯的影视后期制作发展到网络协作编辑、现场编辑、远程编辑、实时编播等诸多方面，非线性编辑技术的发展及应用一定会有一个光辉灿烂的明天。

## 本章小结

本章从计算机技术出发，向读者介绍了当今最为主流的非线性编辑系统设备，并总结了非线性编辑系统在各方面的发展趋势，为大家进行具体学习和使用非线性编辑系统打下了坚实基础。

## 思考和练习题

1. 了解并熟悉当前主流的数字非线性编辑系统的名称和性能特点。
2. 讨论思考主流非线性编辑系统的各种技术指标及软件特点。
3. 参观专业非线性编辑机房。

# 第2章

# Premiere Pro功能模块的操作

## ※ 本章主要内容

- ◆ 了解Premiere Pro软件操作流程
- ◆ 了解Premiere Pro 主要功能模块的基本操作

## ※ 本章难点

- ◆ Premiere Pro整个操作流程与步骤
- ◆ Premiere Pro 主要功能模块的基本操作

## ※ 本章重点

- ◆ Premiere Pro整个操作流程与步骤
- ◆ Premiere Pro 主要功能模块的基本操作

## ※ 学习目标

- ◆ 熟悉Premiere Pro的操作界面
- ◆ Premiere Pro整个操作流程与步骤
- ◆ Premiere Pro 主要功能模块的基本操作
- ◆ 范例简介

在了解Premiere Pro软件功能和操作界面的基础上，接下来将通过具体操作来快速学习Premiere Pro的整个操作流程与步骤，了解软件的基本工作思路，掌握各个主要功能模块的基本操作方法。

**关键词**

- 新建项目
- 影像采集
- 输入素材
- 确定剪接
- 添加声音
- 加入过渡
- 加入视频
- 添加字幕
- 渲染输出

本章使用的素材在配套光盘Premiere/lesson2文件夹中。

- 范例流程分析

典型Premiere Pro操作流程如下：

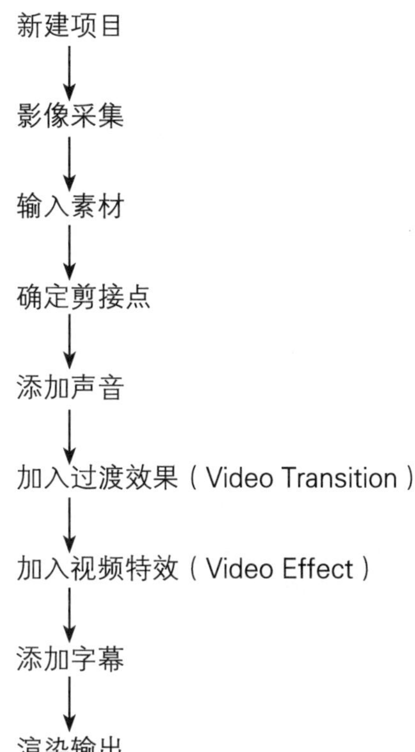


## 2.1 新建项目

启动Premiere Pro软件之后出现一个对话窗口，如图2-1所示。

在初始工作界面中单击New Project按钮新建一个项目，在项目设置对话框中选择DV-PAL设置，命名后单击OK按钮，如图2-2所示。

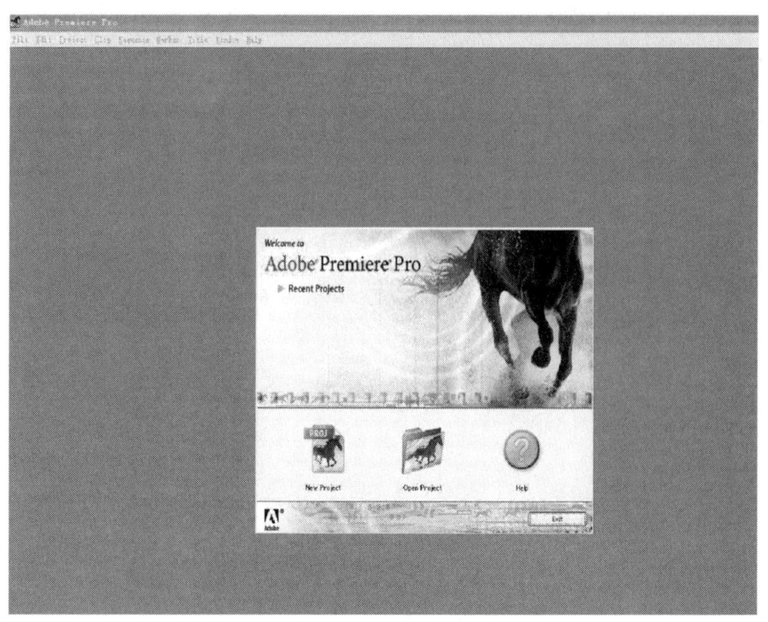


图 2-1　Premiere Pro 启动后的工作界面

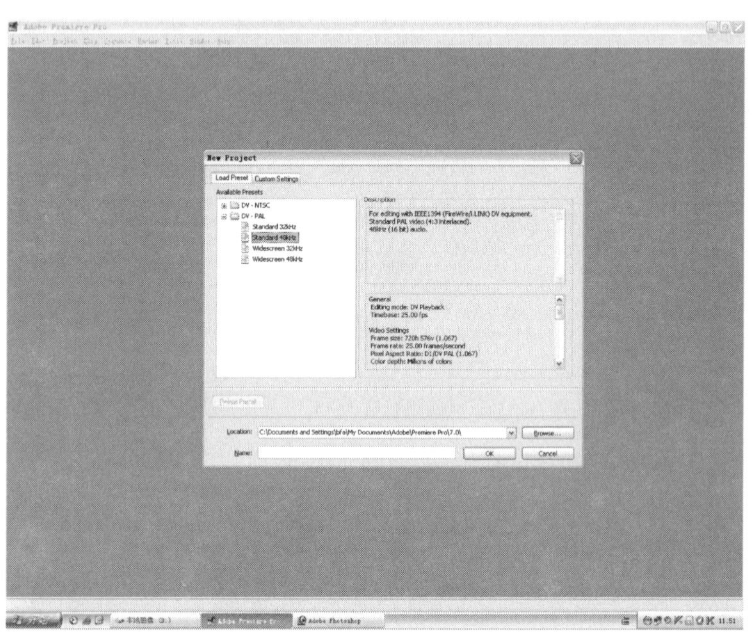

图 2-2　新建项目

**专业指点**

要打开已有的项目文件，则单击Open Project按钮。

在项目设置对话框中，制作不同格式的节目（PAL/NTSC），选择不同的设置，也可以使用Custom Settings模块自定义节目的格式。

项目的存储路径（Location）可以单击Browse按钮进行设置，项目的相关设置、采集的视频素材，以及制作过程中产生的临时文件都存储在选择的路径下。因此，应该将项目文件存放在空间较大的磁盘中。

## 2.2 影像采集

如果DV摄像机与IEEE1394接口（火线）或是影像采集卡与录像带（DV录像带或BetaCam录像带支持Deck Control）都已连接好，则能够方便地进行影像采集的操作。

选择File→Capture命令，或按快捷键F5，打开影像采集窗口，如图2-3所示。

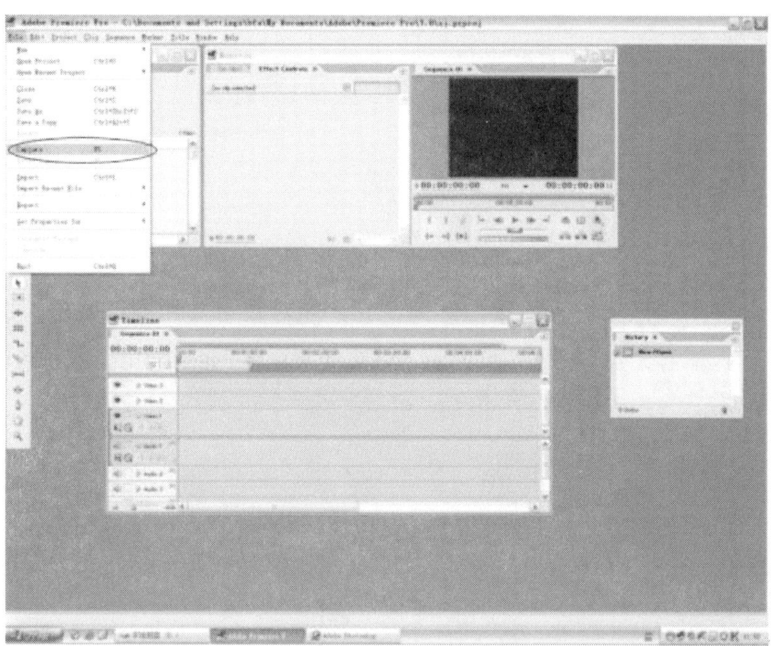

（a）

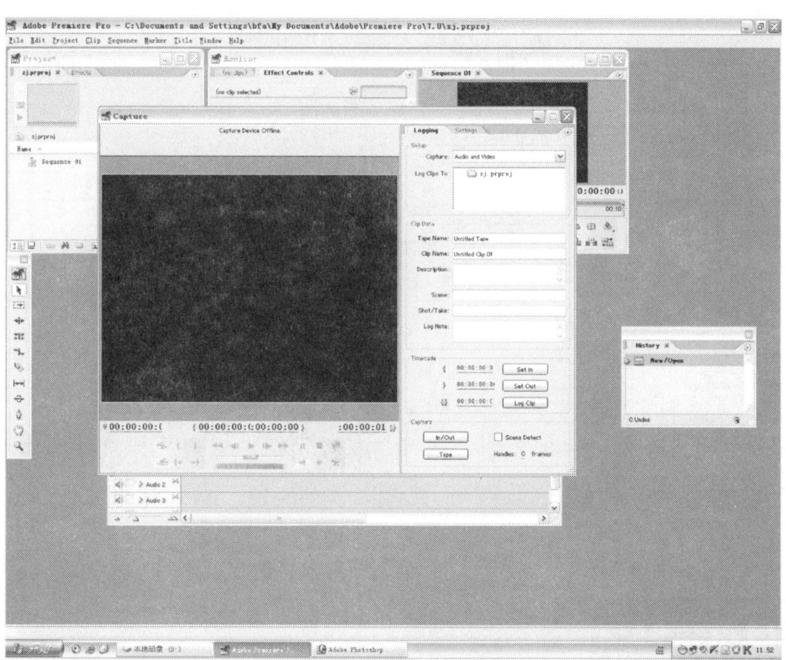

（b）

图 2-3 打开影像采集窗口

专业指点

计算机通过IEEE 1394火线接口连接DV录像机（或摄像机），可以进行无损失DV图像的输入和输出，因为DV磁带上记录的图像信号是数字信号。

主要通过以下两种方式进行素材的采集：

（1）指定时间范围采集素材。

（2）直接采集播放中的素材。

采集进来的素材将存放在指定的项目文件存放目录下（DV编码方式的avi文件），也会作为素材直接出现在Premiere Pro的项目窗口中。



## 2.3 输入素材

Premiere Pro除了剪辑采集进来的影像之外，它还能对数字文件进行剪辑。选择File→Import命令会出现对话框，输入配套光盘中Premiere/lesso4文件夹中的Framestore.cfc_ant.mov和goodgear.mov素材，如图2–4所示。

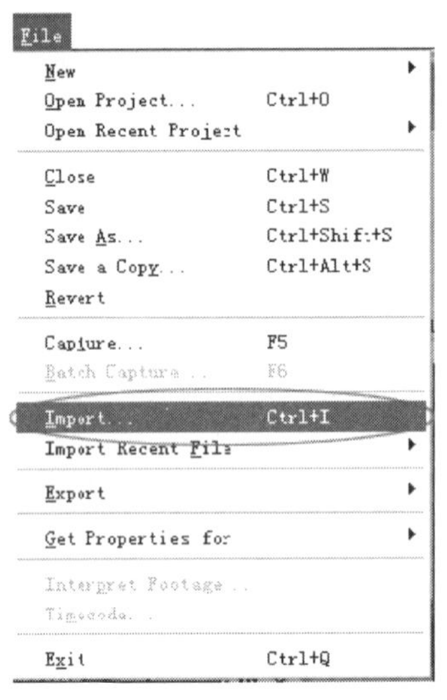


图 2–4　输入素材

专业指点

可使用快捷键Ctrl+I来输入素材文件，也可以在对话框中双击鼠标按键来输入文件。

Premiere Pro支持多种文件格式的输入，视频文件如mov、avi，音频文件如mp3、wma等。

## 2.4 确定剪接点

所谓的剪接就是“去伪存精”，将不要的片段剪掉，再将所需要的影像接在一起，操作步骤如下：

（1）双击素材窗口（Project Window Bin1）里的Framestore.cfc_ant.mov和goodgear.mov影像，打开源素材窗口。使用来源素材窗口里的In点与Out点来决定需要的素材范围，如图2-5所示。

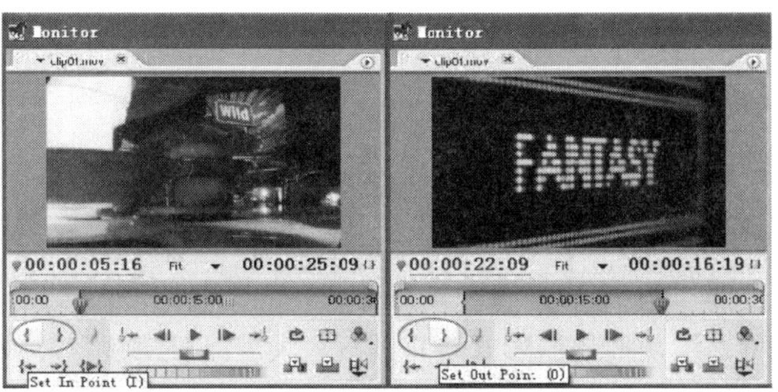

图 2-5　源素材窗口

（2）将此片段拖拽至时间线窗口（Timeline）的Video 1视轨，如图2-6所示。

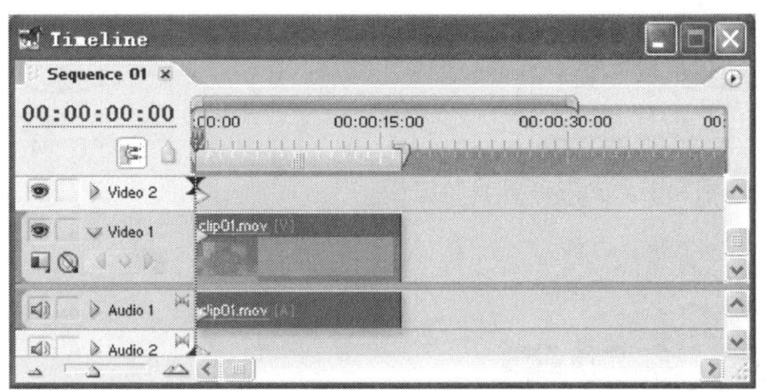

图 2-6　将片段拖至时间线窗口中

（3）再到素材窗口Project Bin 1里寻找所需要的影像，重复步骤1和2将所需的影像连接放在一起，如图2-7所示。

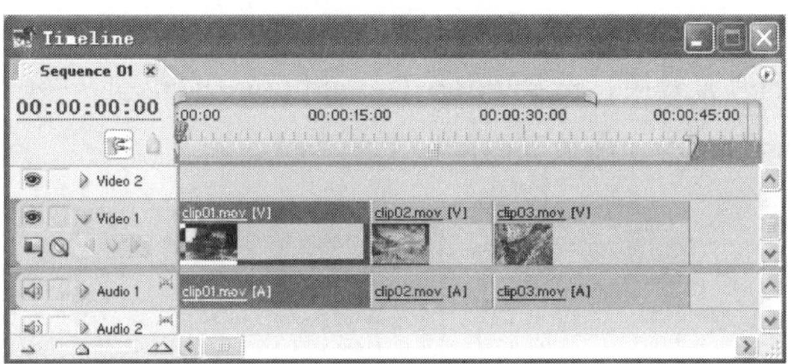

图 2-7　将影片剪辑连接起来

**专业指点**

放入影像至时间线（Timeline）也可用其他方法：

● 从源窗口拖拽至时间线（Timeline）上。

● 从源窗口单击插入（Insert）或覆盖（Overlay）键按钮。

● 按快捷键，逗号（，）是插入（Insert）的快捷键，句号（。）是覆盖（Overlay）的快捷键。

# 2.5 添加声音

音乐的节奏很适合作为影像节奏的参考点。

（1）输入配套光盘Premiere/lesso10文件夹下的Music01.wma音频素材。

（2）拖拽Music01.wma至时间线窗口的Audio 1音轨上。

（3）单击打开Audio 1前面的三角形展开音轨波形，如图2-8所示。

（4）也可以按住鼠标左键用拖拽的形式对其进行放大，以看清楚声波的强度，如图2-9所示。

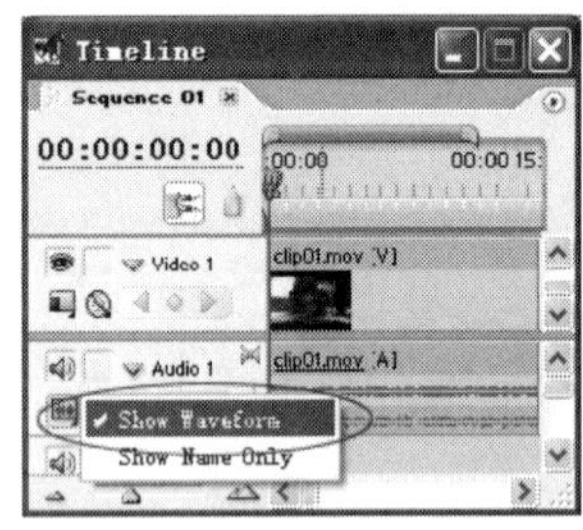


图 2-8　单击 Audio 1 前面的三角形展开音轨波形

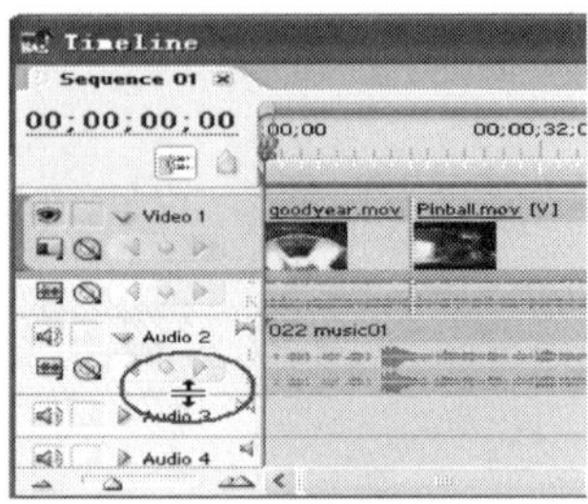


图 2-9　放大选项看清声波强度

# 2.6 加入过渡效果

适当地利用素材之间的视频过渡（Video Transition），可以让影像转换的视觉效果更顺畅。

（1）如果要在素材之间加上过渡的效果，则单击Project→Effects→Video Transtitions，如图2-10所示。

（2）选择想要应用的过渡效果，选择Video Transtitions→Dissolve→Cross Dissolve，如图2-11所示，选择过渡效果Cross Dissolve拖放到时间线上的素材之间。

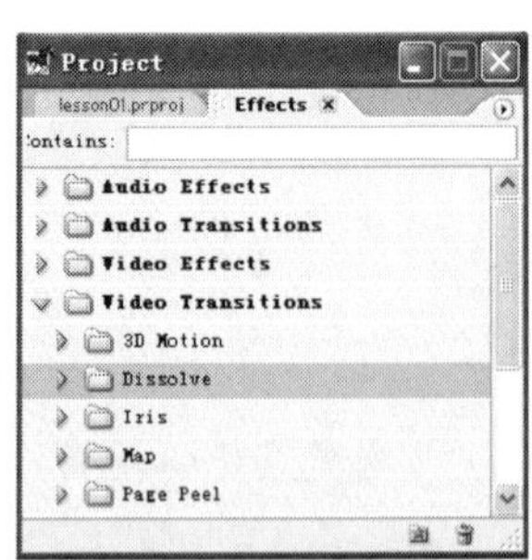


图 2-10　添加过渡效果

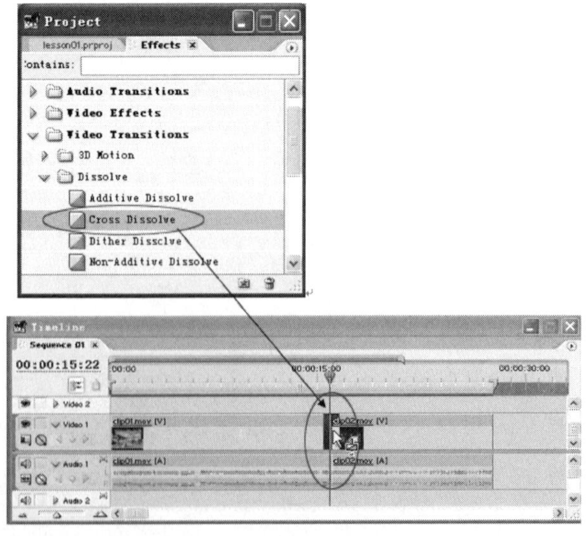


图 2-11　拖拽素材

（3）如果希望改变过渡的时间长度，则在过渡效果处双击或者选择Monitor→Effect comtrols→Duration命令以改变过渡效果的长度，如图2-12所示。

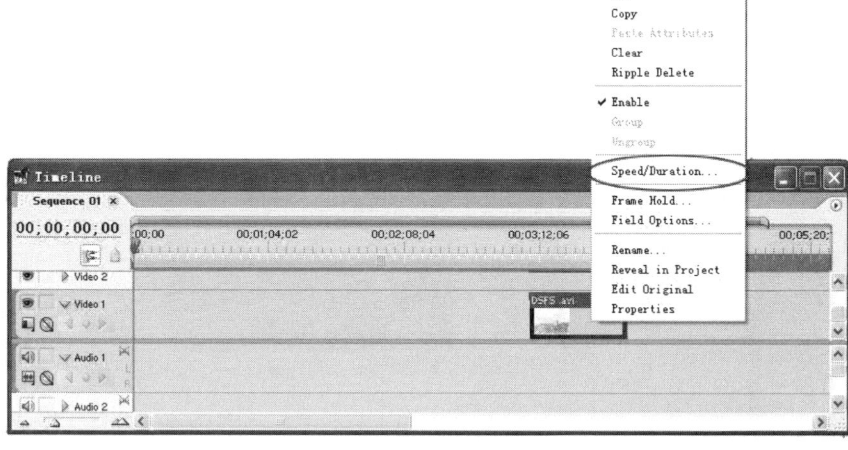


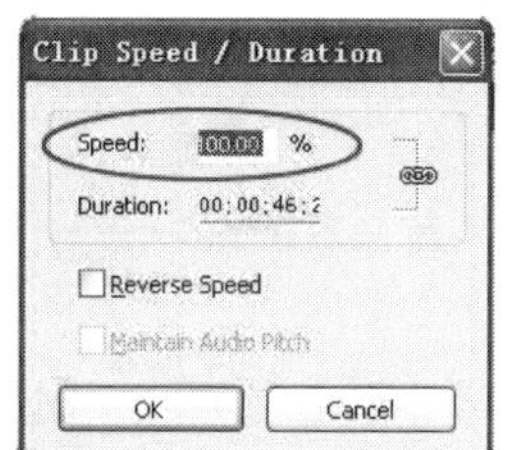


图 2-12　改变过渡效果的长度

Premiere Pro中有非常丰富的视频过渡效果，会在后面的内容中详细讨论。

# 2.7 加入视频特效

虽然Premiere Pro是一套编辑软件，但是它也可以实现丰富多彩的视觉效果。

## 2.7.1 变速

（1）利用刀片工具将影像切断，再改变前段影像的速度。

（2）选取前段影像并右击选择Speed→Duration命令，在对话框的Speed处输入400%的速度，目的是要让前段影像加速产生快动作的效果，如图2-13所示。

（3）选取后段影像，将速度改变成35%，实现慢动作效果，如图2-14所示。

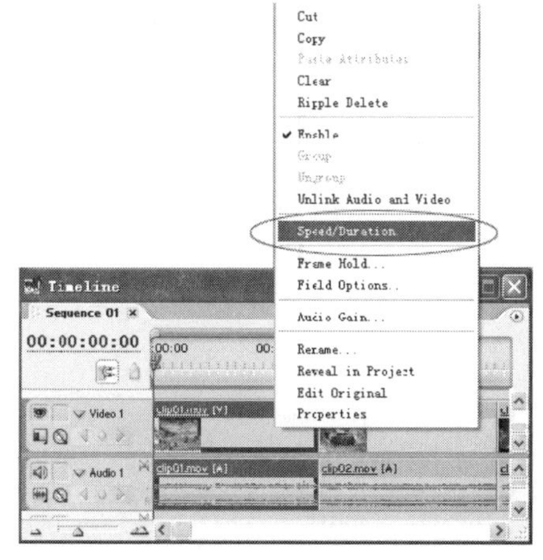


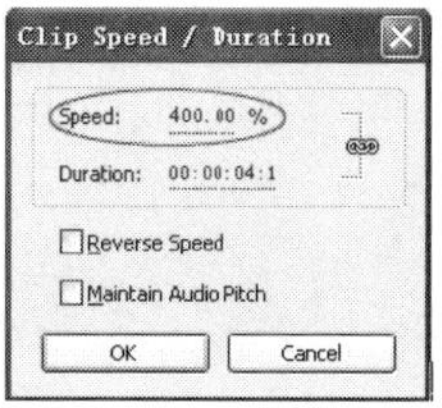


图 2-13　设置快动作效果

图 2-14　设置慢动作效果

## 2.7.2 虚化

（1）在Project（项目）窗口中，选择Effect（效果）模块的Video Effect（视频效果）中的Blur（虚化）效果中的Camera Blur（摄像机虚化）效果，如图2-15所示。

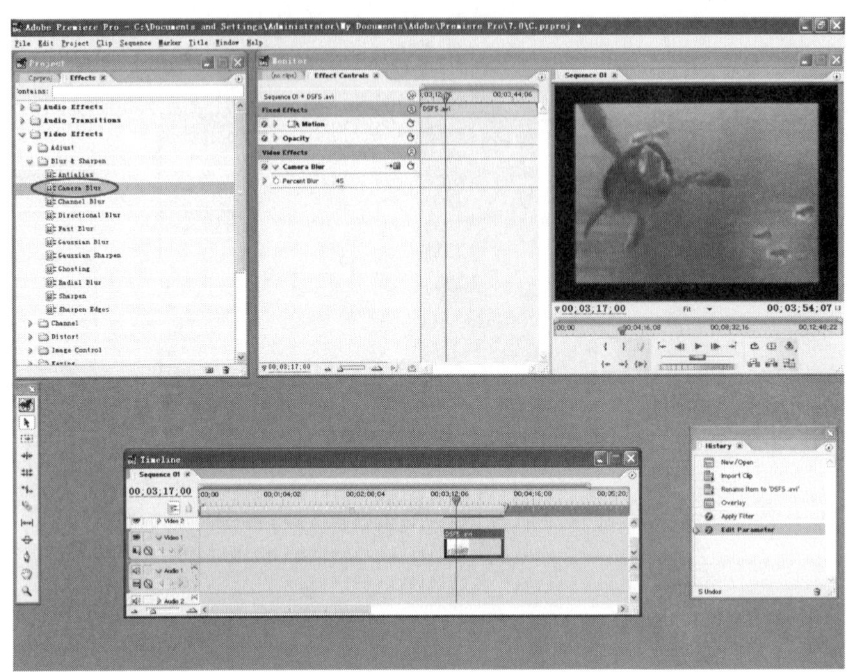

图 2-15 选择虚化效果

（2）将这个效果拖到Timeline（时间线）窗口中的素材上，调整虚化参数值Percent Blur为66，看到虚化效果如图2-16所示。

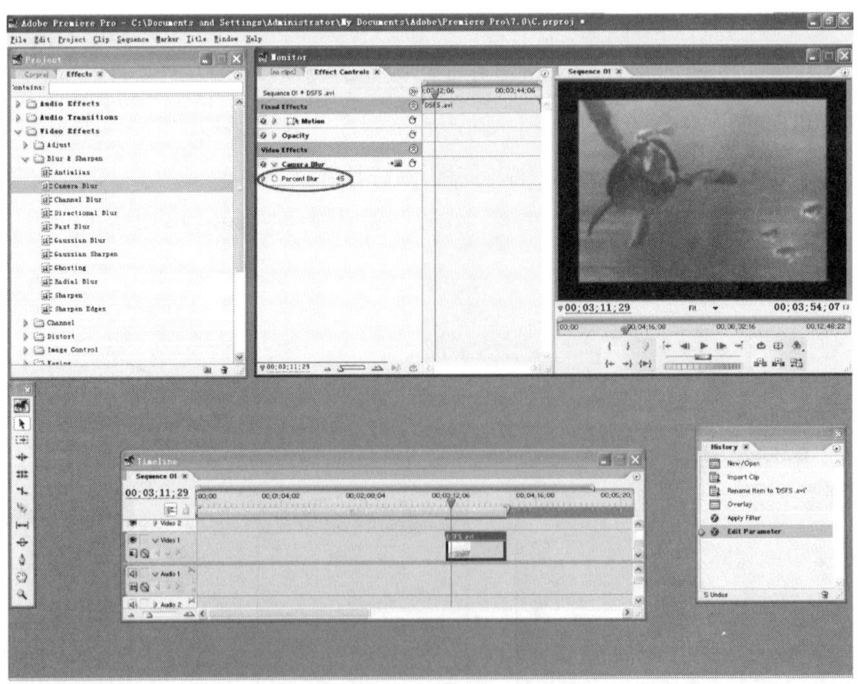

图 2-16 添加并调整虚化效果

（3）在Monitor（监视器）窗口中直接播放观看。

会在后面的内容中详细介绍视频特效的使用。

## 2.8 添加字幕

Premiere Pro的字幕功能提供打字、滚动字幕和一些简单几何绘图的功能。

（1）如需要再新建一层视轨，在时间线窗口中右击，选择Add Tracks命令，如图2-17所示。

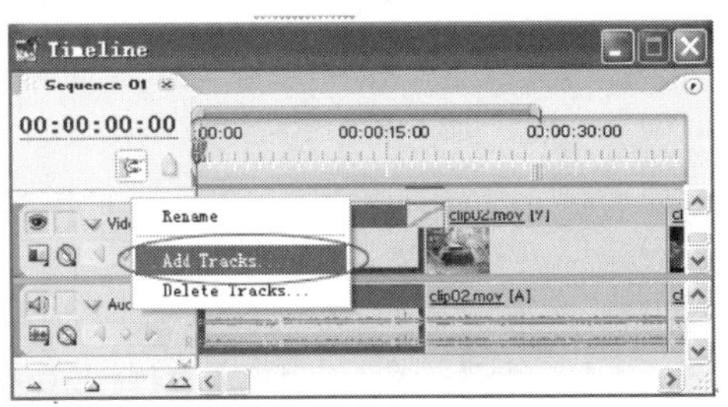


图 2-17　新建一层视轨

（2）打开字幕窗口，选择File→New→Title命令，或按F9快捷键，如图2-18所示。

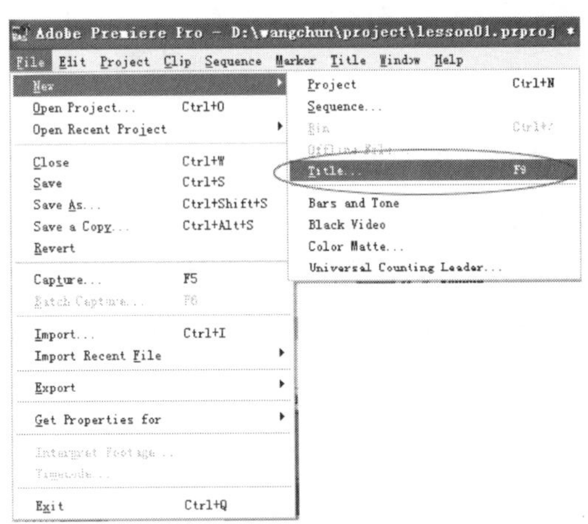


图 2-18　打开字幕窗口

（3）输入文字LESSON 01，调整颜色、字体、位置，如图2-19所示。

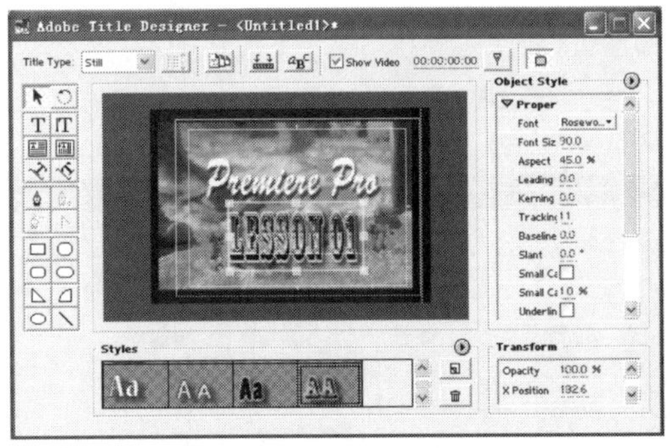


图 2-19　输入文字并进行调整

（4）选择File→Save As命令保存字幕文件，该文件自动出现在项目窗口中。

（5）将字幕文件拖放到Video 2视轨上。

（6）可以调出视频素材的透明度曲线，调整透明度曲线（黄线）实现淡入淡出效果，如图2-20所示。

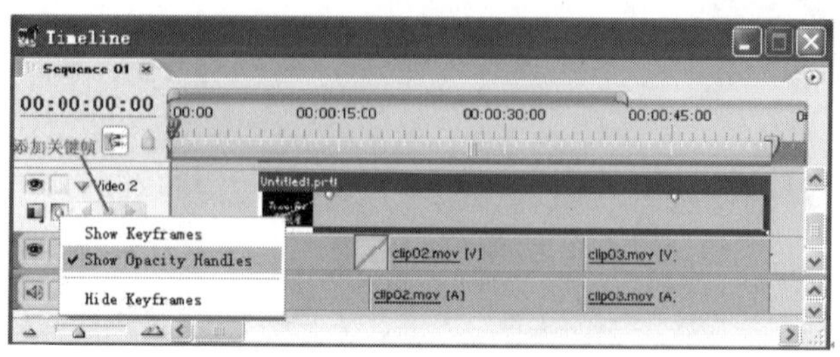


图 2-20　调整透明度曲线

**专业指点**

首先选中Show Opacity Handles选项调出素材透明度曲线，在素材曲线上的适当位置添加关键帧，再调整曲线形状实现淡入淡出效果。

## 2.9　渲染输出

Premiere Pro支持输出各种影像文件，包括输出成录像带、视频文件及DVD等，这里先输出avi的视频文件，后面将对渲染输出进行详细讨论。

（1）选择File→Save Project命令保存整个Project项目文件。

（2）选择File→Export Timeline→Movie命令输出剪辑结果，如图2-21所示。

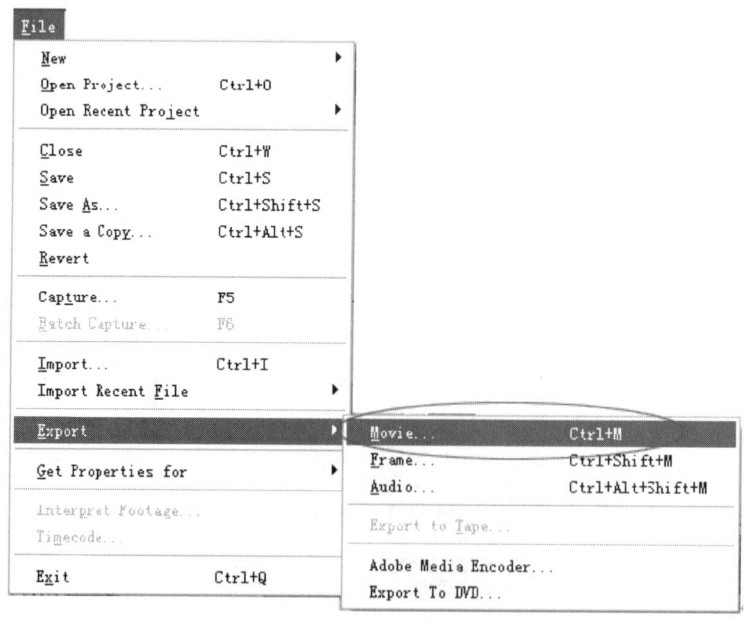


图 2-21　选择输出

（3）输出成一段完整影像。这里输出Microsoft avi文件（在输出对话框中单击Settings按钮，在General选项卡里设置），然后在Video选项里选择Divx5（MPEG4）编码方式，如图2-22所示。

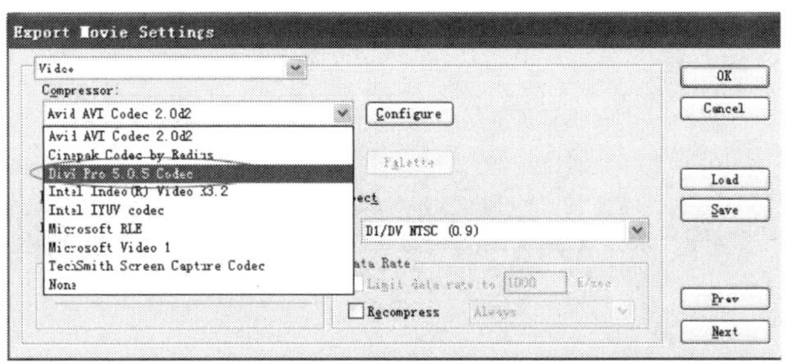


图 2-22

**专业指点**

这种编码方式渲染速度快，得到的avi图像文件很小，图像质量还不错，是做小样的首选。

## 本章小结

本章通过实例操作快速浏览和学习了Premiere Pro的各个基本模块功能和使用方法，希望大家对软件有一个整体上的认识和掌握，总结体会Premiere Pro的工作思路，为后面各主要功能模块的学习打下坚实的基础。

## 思考和练习题

1. 拍摄DV素材并用Premiere Pro采集到计算机中。
2. 进行简单编辑和效果制作。
3. 渲染输出avi视频文件。

# 第3章

# Premiere Pro 2.0新功能介绍与解析

## ※ 本章主要内容

- ◆ 了解Premiere Pro 2.0的系统要求
- ◆ 了解Premiere Pro 2.0的新功能

## ※ 本章难点

- ◆ Premiere Pro 2.0新功能概述
- ◆ Premiere Pro 2.0新功能解析

## ※ 本章重点

- ◆ 掌握多视频轨道编辑
- ◆ 掌握从时间栈进行DVD创作
- ◆ 掌握32-bit内部色彩处理

## ※ 学习目标

- ◆ 掌握多视频轨道编辑
- ◆ 掌握从时间轴进行DVD创作
- ◆ 掌握32-bit内部色彩处理
- ◆ 掌握Adobe Bridge

Adobe Premiere Pro 2.0 软件是Adobe新发布的一款专业视频编辑工具，是Adobe Production Studio成员之一。从 DV 到未经压缩的 HD，它几乎可以获取和编辑任何格式，并输出到录像带、DVD 和 Web。Adobe Premiere Pro 2.0 还提供了与其他 Adobe 应用程序的集成功能。

**关键词**

● 新功能

# 3.1 Adobe Premiere Pro 2.0新功能概述

## 3.1.1 Premiere Pro 2.0 的系统要求

Premiere Pro 2.0 对系统要求比较高，下面是Windows平台下的要求：

● DV 编辑需要 Intel® Pentium® 4 1.4GHz 处理器；HDV 编辑需要支持超线程技术的 Pentium 4 3GHz 处理器；HD 编辑需要双 Intel Xeon™ 2.8GHz 处理器

● Microsoft® Windows® XP（带 Service Pack 2）

● DV 编辑需要512MB 内存；HDV 和 HD 编辑需要2GB 内存

● 安装需要 800MB 可用硬盘空间

● 对于内容，需要 6GB 可用硬盘空间

● DV和HDV编辑需要专用7200RPM硬盘驱动器；HD编辑需要条带式磁盘阵列存储设备（RAID 0）

● Microsoft DirectX 兼容声卡（环绕声支持需要 ASIO 兼容多轨声卡）

● DVD-ROM 驱动器

● 1280×102432位彩色视频显示适配器

● DV和HDV编辑需要OHCI兼容IEEE 1394视频接口；HD编辑需要AJA Xena HS

● 需要 Internet 或电话连接以进行产品激活

## 3.1.2 Premiere Pro 2.0的新功能

1. **多视频轨道编辑**（Multicam Editing）

Adobe Premiere Pro 2.0 提供了多摄像机摄像编辑功能，可以从一个多摄像窗口中查看多个视频轨道，并实时在轨道之间通过转换进行编辑，基于源素材时间码轻松同步剪辑，如图3-1所示。

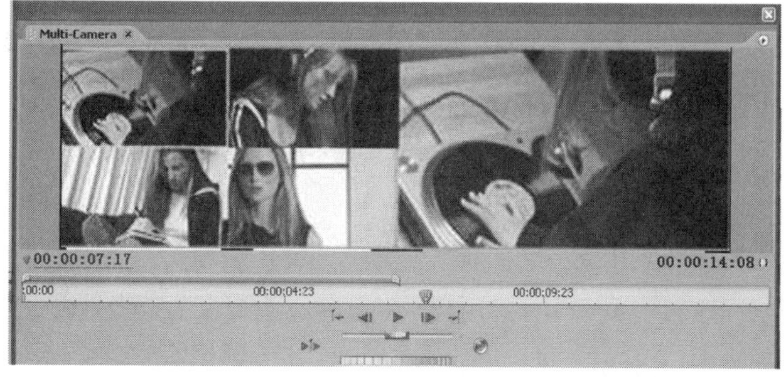


图 3-1　多视频轨道编辑

2. 加速客户评论和核准

Adobe Premiere Pro 2.0 提供了Adobe Clip Notes（Adobe剪辑注释），可以加速评论。将视频嵌入到PDF文件，通过E-mail发送有特定时间码注释的文件给客户评论，然后查看映射到时间轴的注释，如图3-2所示。

图 3-2 加速客户评论和核准

3. 从时间轴进行DVD创作

从Adobe Premiere Pro时间轴直接创建高质量、可驱动菜单的DVD。为数字样片（Digital Dailies）、测试碟（Test Discs）或最终产品（Final Delivery）制作全分辨率、交互式的DVD，如图3-3所示。

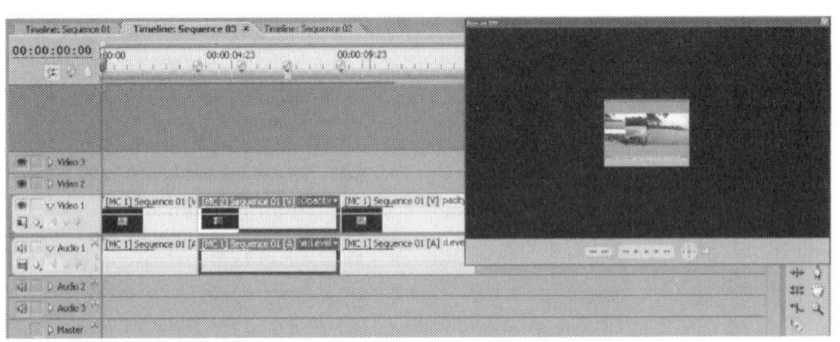

图 3-3 从时间轴进行 DVD 创作

4. HDV编辑

Adobe Premiere Pro 2.0可以在没有转换或质量损失的原始格式中捕获和编辑HDV内容。Adobe Premiere Pro 2.0用流行的Sony和JVC公司HDV格式摄像机和磁带录像机进行工作。

5. SD和HD支持

Adobe Premiere Pro 2.0使用AJA Video的Xena HS实时编码卡捕获、编辑以及发布全分辨率的SD或HD。

6. 增强的色彩校正工具

Adobe Premiere Pro 2.0利用新的色彩校正工具，为特定的任务分别进行优化。快速色彩校正允许用户快速简易调节，而色彩校正工作允许用户为专业作品做更多的选择性修改。

7. 支持10-bit和16-bit色彩解析度

Adobe Premiere Pro 2.0支持10-bit视频和16-bit PSD文件，维持源素材的完整性。

8. 32-bit内部色彩处理

Adobe Premiere Pro 2.0以对色彩、对比度和曝光的不同变化维持最大限度的图像质量没有了条纹和低bit深度处理引致的现象。

9. 加速的GPU渲染

Adobe Premiere Pro 2.0会自动调整，充分利用用户的显卡，加速动画、不透明度、色彩和图像畸变效果的预览和渲染。

10. Adobe Bridge

Adobe Premiere Pro 2.0可从Adobe Bridge中浏览、组织以及预览文件，然后拖放用户所需要的内容。可以搜索或编辑诸如关键字、语言和格式这样的XMP元数据，如图3-4所示。

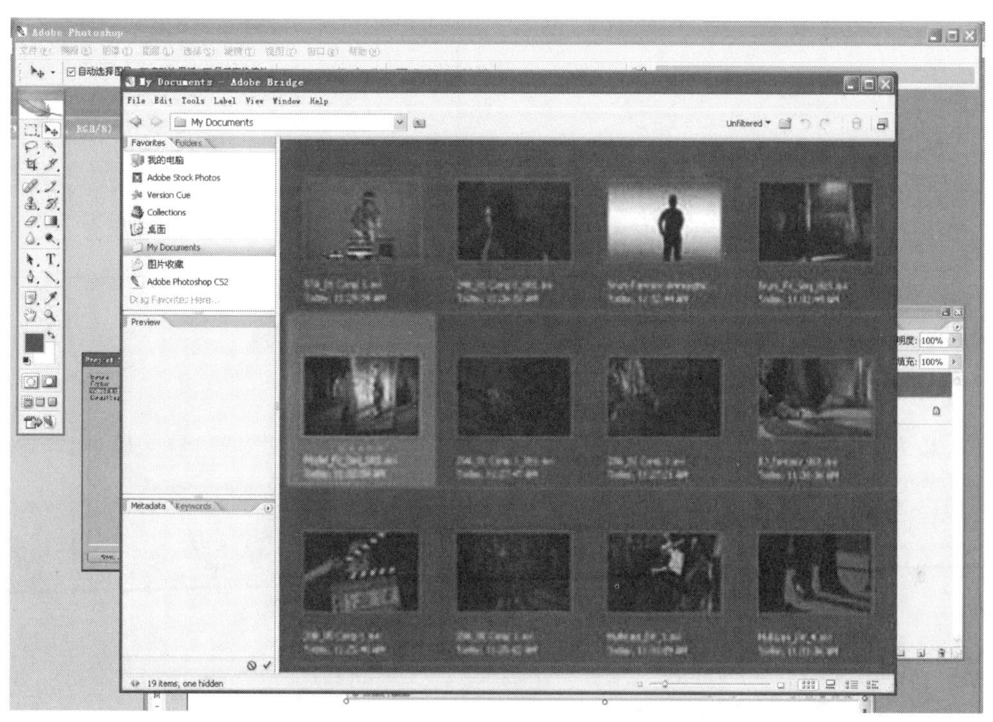


图 3-4 Adobe Bridge

Premiere Pro 2.0 还有许多其他新功能，例如Flash视频输出、最大支持4096×4096像素序列帧输出、高级的子剪辑创作与编辑等。

## 3.2 Adobe Premiere Pro 2.0新功能解析

### 3.2.1 “马”消失了

Adobe Premiere Pro 2.0的发布，用户首先注意到的是一直伴随着Premiere中的那只马已经不在了。事实上，Premiere Pro现在使用的已经是一个看起来像玻璃一样的，明显是从胶片盘演变而来的图标，如图3-5所示。

打开一个新的Premiere Pro 2.0项目或已经存在的Preimiere项目，也会看到一个彻底修整过的泊靠面板界面。除了新样式，Premiere Pro还具有可调整大小的面板。当一个面板大小发生变化时，周围其他面板会自动调整大小。说到外观，大量的新功能将会让这个软件的新用户和老用户都感到高兴，Premiere Pro 2.0启动时的新画面如图3-6所示。

图 3-5 老版本启动时的画面

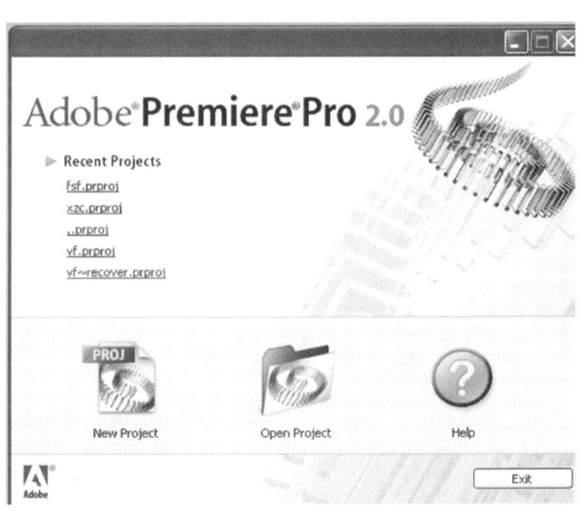


图 3-6 新版本的画面

让我们来看看隐藏在Premiere Pro 2.0新外观下的一些不同的特征，如图3-7 所示是Premiere Pro 2.0的新界面。

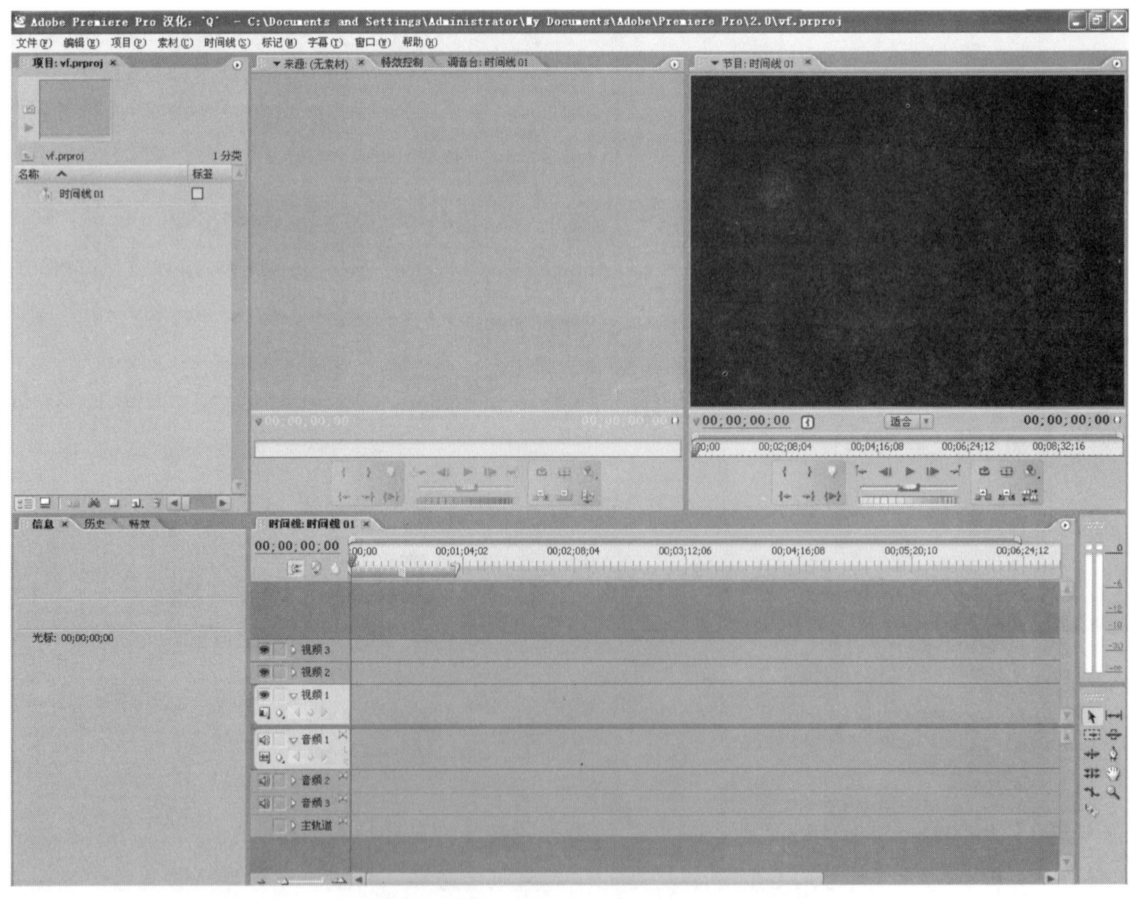

图 3-7 Premiere Pro 2.0 新界面

## 3.2.2 多摄像机编辑模式（Multi-cam）

或许Premiere Pro 2.0最大的新特性就是无需第三方插件支持即可从4个不同的视频源编辑多摄像机影像。Premiere Pro新的Multi-camera特性让用户使用快捷键0、1、2、3和4快速进行编辑或剪切，0代表录制，数字1～4代表不同的摄像机角度。在多数情况下，当使用Multi-camera工作时，剪辑师更乐意只使用一个音轨，而默认情况下，Premiere Pro使用一个角度摄像机的音频轨道。然而，该设置可以修改，这样音频和视频轨道可以同时进行剪切。

Premiere的Multi-camera功能另一个重要的特性就是它使用嵌套序列创建不同的剪切，这意味着不用非得进入不同的模式进行剪辑。还有，因为使用了嵌套序列，可以像常规的剪辑一样无拘无束地编辑这些剪切。

调整Multi-camera剪辑的过程也非常简单，所要做的就是右击时间轴和不同摄像机角度的选区，如图3-8和图3-9所示。

图 3-8　多摄像机模式 Multi-camera

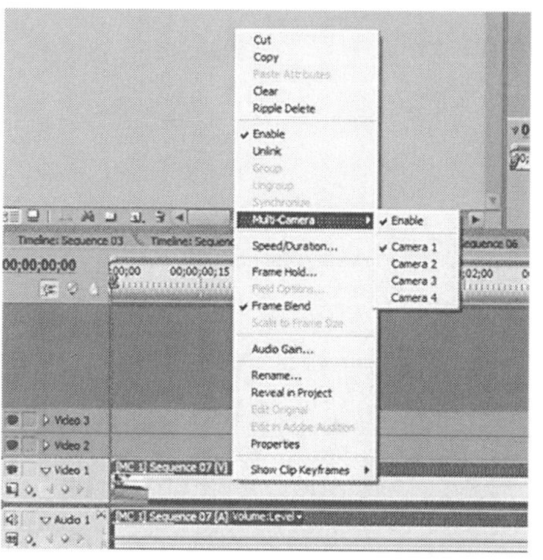


图 3-9　多摄像机模式 Multi-camera

## 3.2.3 剪辑注释（Clip notes）

剪辑注释是什么？剪辑注释实质上是包含已渲染视频的PDF文件。这些剪辑注释可以发送给客户或其他用户，然后他们在PDF文件中输入评论。这样，附加注释到当前时间码上，当这些剪辑注释被重新导回到Premiere Pro时，这些标签即在特定的时间码上变成了标记。

对不论大小的项目使用剪辑注释的好处是非常大的。以前为了不断地预览不得不发送磁带或DVD光盘给客户，然后等待评论返回来再发送另一份拷贝，因为你无法确定客户想改变什么地方。现在好了，使用剪辑注释消除了整个过程。剪辑注释可以被任何拥有免费Adobe Acrobat Reader的人打开，并且评论可以精确地附加到时间码上，如图3-10所示。

图 3-10　剪辑注释（Clip notes）

## 3.2.4 产品整合

新版的Adobe Production Bundle版确实增强了Premiere Pro与其他绑定产品的整合。这其中之一的增强功能就是只能在Adobe Production Studio中找到的Adobe Dynamic Link（Adobe动态链接）。Dynamic Link意味着如果不得不导入一个After Effects项目到Premiere Pro中，它可以无须在After Effects中渲染合成项目（Composition）即能完成这个任务。After Effects项目一旦导入到Premiere Pro中即可作为一个剪辑片段来修整、剪切或者应用特效到它上面。但是，如果不得不改变After Effects合成项目中的一小部分呢？对After Effects合成项目的任何改变都将即时地显示在Premiere Pro中。这个特性确实是节省了大量的时间，尤其是如果After Effects项目有复杂的动画效果时，如图3-11所示。

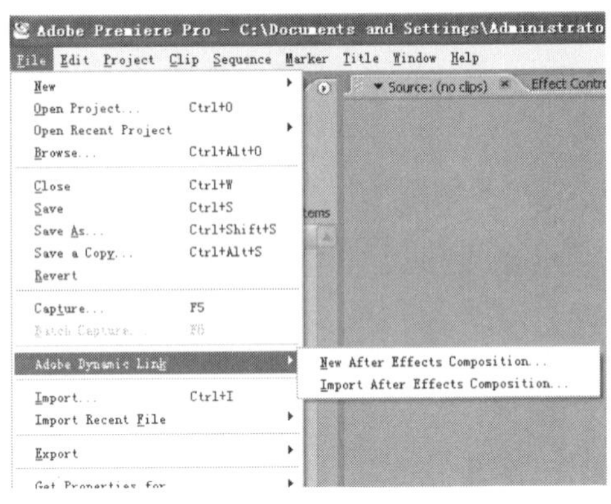


图 3-11　动态链接 Dynamic Link

Premiere Pro 2.0也能够打开Premiere Elements项目，这一定会让来自Premiere Elements的用户感到满意。

## 3.2.5 导出到DVD

尽管Premiere Pro以前的版本具备导出时间轴内容到DVD的能力，但是Premiere Pro 2.0更进一步，允许剪辑师创建菜单和子菜单。这个Premiere Pro 2.0的新功能还是完全可以定制的，因为它向用户提供了制作动态背景的选项，具有背景音频轨道的能力和几个其他的选项。它还可以通过使用新增的DVD Marker按钮更轻易地直接从时间轴上生成DVD markers。

要使用这个新特性，剪辑师需要选择Window（窗口）→DVD Layout（DVD布局）”命令，而不是File→Export→Export to DVD命令，因为后面的选项创建的是没有菜单的DVD，如图3-12和图3-13所示。

图 3-12　DVD 布局

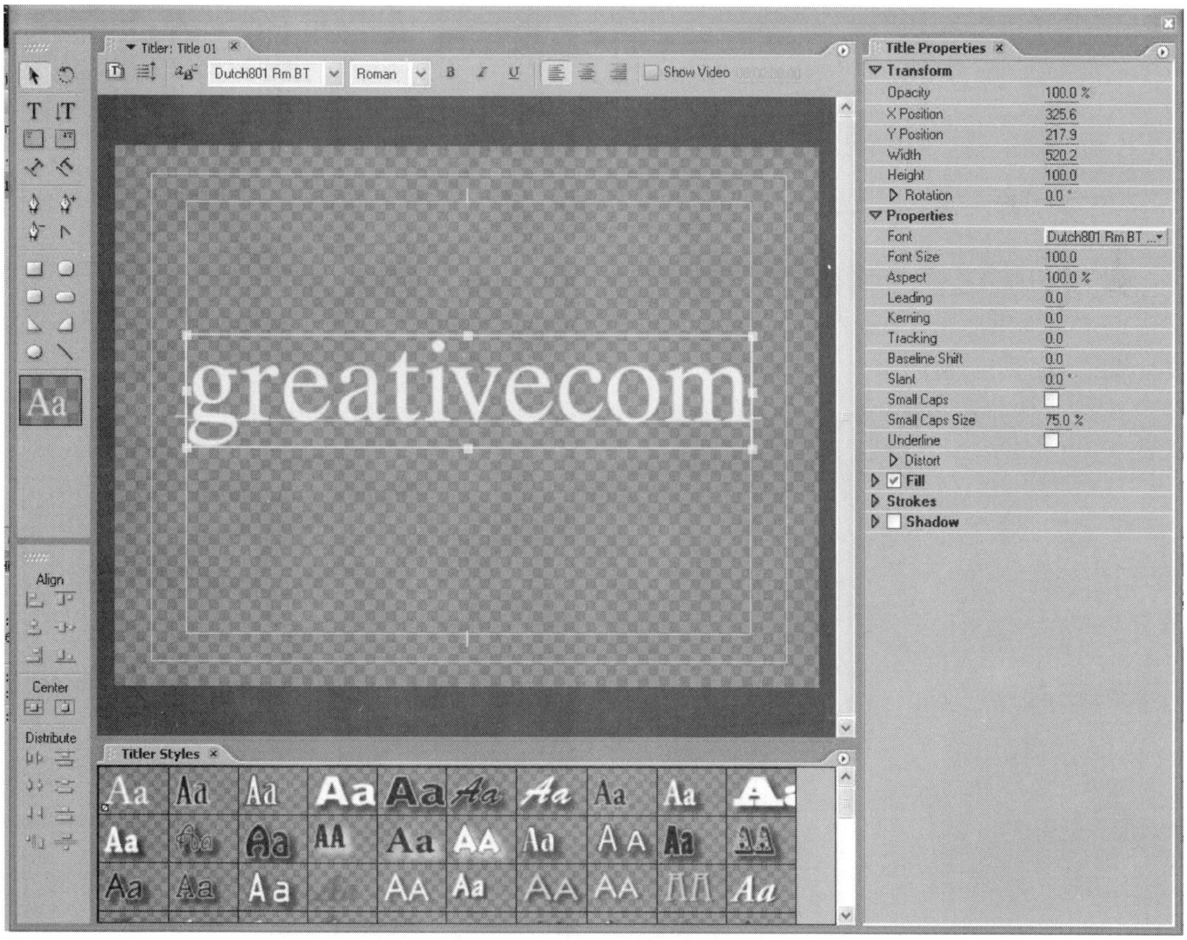

图 3-13　DVD 菜单制作

## 3.2.6　特效

如果Premiere Pro 1.5和Affter Effects 6.5都已安装在同一台机器上，用户可以应用某些After Effects滤镜到Premiere Pro中。然而，这些特效滤镜现在已经整合到了Premiere Pro 2.0自身的安装中。其他的此类增强功能包括期待已久的“时间码”效果、新的GPU转换，还有一整套的色彩校正特效。新增的色彩校正滤镜包括Fast Color Corrector（快速色彩校正器）和 Three Way Color Corrector（三法色彩校正器），它是特效中非常优秀的新增功能。使用Fast Color Corrector（快速色彩校正器）的好处就是它在有支持的显卡的情况下允许实时回放，Three Way Color Corrector（三法色彩校正器）只要花一点点时间渲染即可得到更好的校正效果，如图3-14所示。

图 3-14　色彩校正工具

另一个用户感兴趣的特效是来自Photoshop的新增光效（Lighting Effect）。该特效能够用于生成Spotlights（点光）、Omnilights（全光源）或Directional Lights（平行光），对改变整张图像的气氛很有帮助，如图3-15所示。

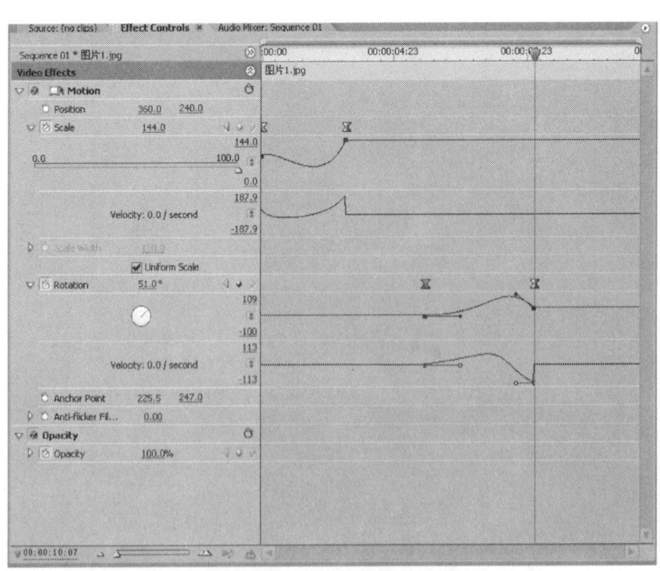


图 3-15　效果控制窗口

Premiere Pro 2.0现在还支持某些特效GPU加速回放，例如动画、不透明度、交叉溶解、快速色彩校正器和一些其他特效。

## 3.2.7　HDV功能

Premiere Pro 2.0现在本身已支持HDV内容，无须使用其他的滤镜，例如Cineform的AspectHD滤镜。因此编辑工作在Premiere Pro本身中即可完成。需要不断反复压缩影片的历史一去不复返，这不仅节约了时间也尽可能地保证了作品的质量。

由于它本身支持HDV内容，使用早期版本捕获的影片会自动转换到Adobe HDV格式，如图3-16所示。

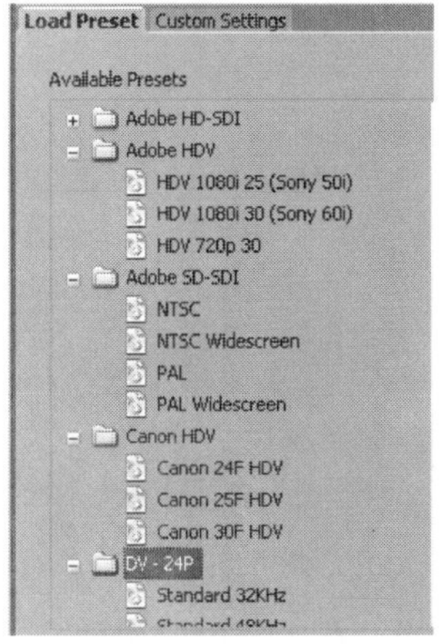


图 3-16　HDV 功能

## 3.2.8　字幕

现在，在Premiere Pro中字幕生成已经内嵌于项目之中。但是，如果想在另一个项目中使用相同的字幕怎么办呢？Premiere Pro还具备导出这些字幕为PRTL文件的能力，这些文件可以被导入到其他的Premiere Pro项目中，如图3-17所示。

图 3-17　字幕设计界面

## 3.2.9　透明视频

这是2.0版中的另一个新增功能，并且确实也是一个优秀的功能。在Premiere Pro 2.0中，可以创建一个透明的视频层，它能够被用于应用特效到一系列的影片剪辑中而无须重复地复制和粘贴属性。只要应用一个特效到透明视频轨道上，特效结果将自动出现在下面的所有视频轨道中，如图3-18所示。

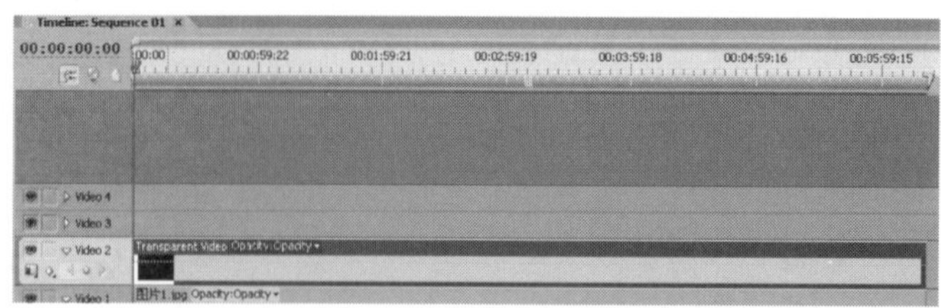


图 3-18　透明视频轨道

## 3.2.10　移除未使用的素材（Remove unused）

在项目中有太多直至项目结束时都没有用上的素材。新引入的移除未使用素材功能是你的好朋友，它可以帮助你除去未使用的媒体剪辑或其他的元素，如图3-19所示。

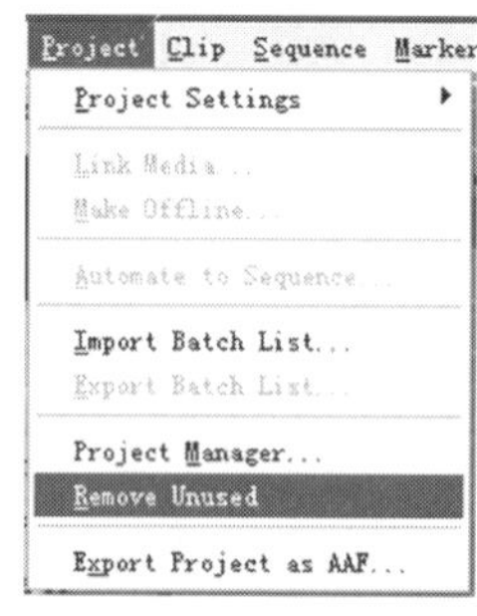


图 3-19　移除未使用的素材

## 3.2.11　Adobe媒体编码器（Adobe Media Encoder）

Premiere Pro 2.0的Adobe媒体编码器拥有一个全新的界面并具有输出Flash视频（FLV）的能力。同类中其他的增强功能还包括预览源视频和输出视频的能力，以及在媒体编码器中裁剪视频的能力，如图3-20所示。

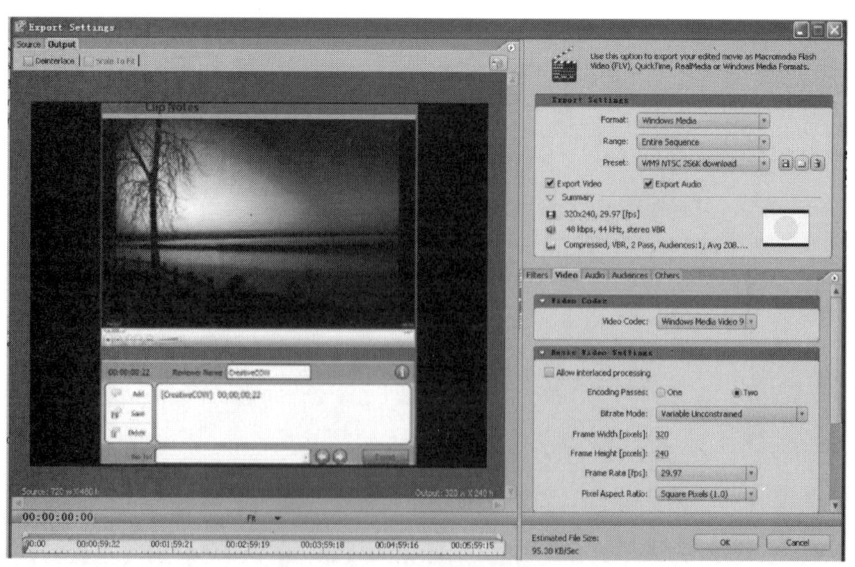


图 3-20　Adobe 媒体编码器

## 3.2.12 支持更多的bits

现在Premiere Pro 2.0使用Adobe HD-SDI预设支持10 bit视频剪辑片段。因为10-bit影片占用了大量处理能力，Premiere Pro在默认设置下以8-bit播放文件，该设置可以在以后更改。

Premiere Pro 2.0还增加处理16-bit Photoshop文件的能力，如图3-21所示。

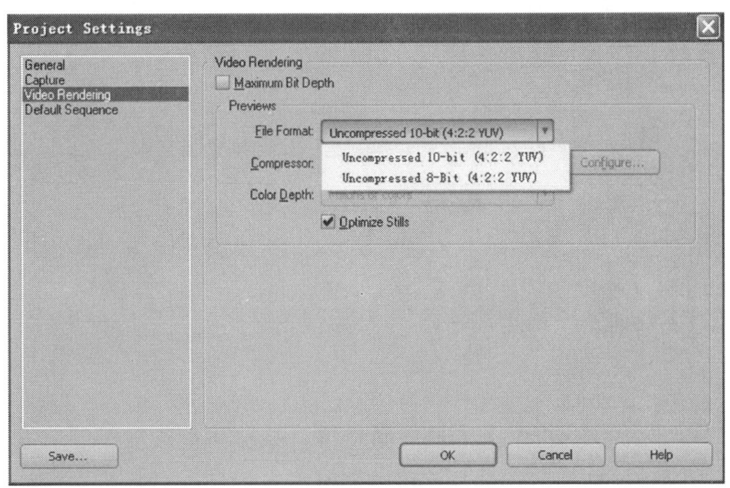


图 3-21　支持 10-bits 视频剪辑

## 3.2.13 Adobe Bridge

如果你有任意一款最新版创意套件（CS）应用程序，你或许已经注意到了Adobe Bridge。Adobe Bridge实质上是一个媒体管理应用程序，它能够被用于Adobe Production Bundle中所有的产品。然而，装载于Adobe Production Studio中的Bridge升级版本允许预览视频文件及After Effects动画预设，如图3-22所示。

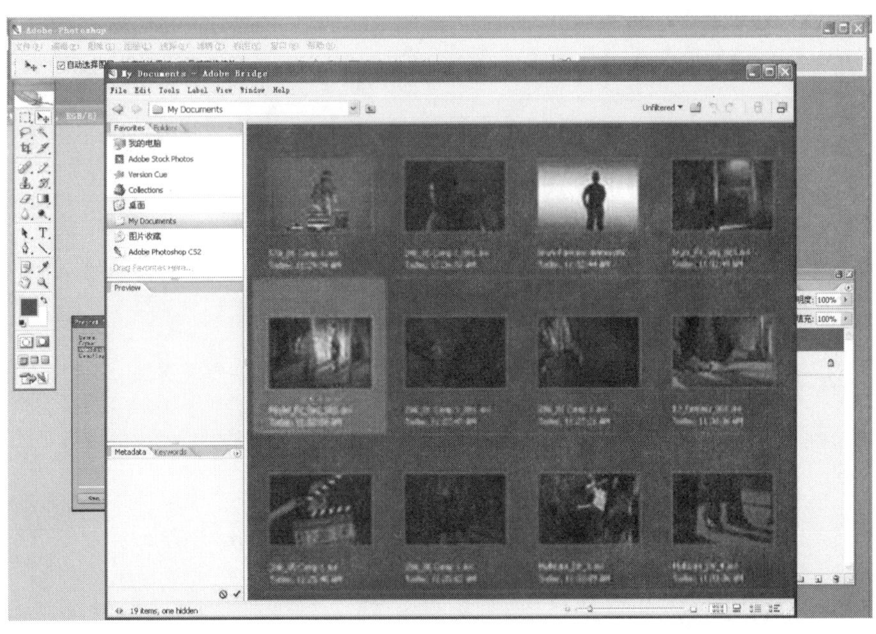


图 3-22　预览文件

更改磁带的名称：现在，在Premiere Pro中无论何时插入新磁带进行素材捕获，它都将提示你输入新的磁带名称。

重新排列序列：现在Premiere Pro 2.0允许通过简单的拖放序列到新位置中来重新排列它们，如图3-23所示。

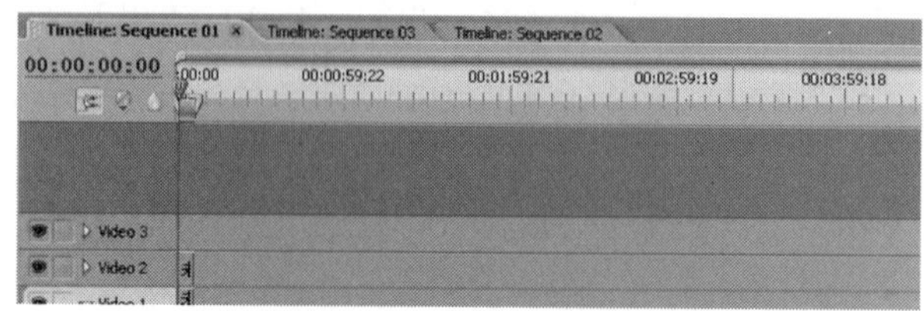


图 3-23　重新排列序列

## 本章小结

Premiere Pro 2.0确实给我们带来了大量的新特性。某些可能改变编辑方式的特性被应用。由于具有剪辑注释新增功能以及与其他Adobe应用程序无缝交互作用，它是视频编辑应用程序的一个极好选择。

## 思考和练习题

1. 熟悉并掌握Premiere Pro 2.0的新工作界面。
2. 分析Premiere Pro 2.0的新功能并加以运用。

# 第4章

# Premiere Pro 2.0窗口的使用

## ※ 本章主要内容

◆ 介绍Premiere Pro 2.0工作区的项目窗口

◆ 介绍Premiere Pro 2.0工作区的时间轴窗口

◆ 介绍Premiere Pro 2.0工作区的监视窗口

## ※ 本章难点

◆ Premiere Pro 2.0工作区内3个主要窗口的使用

## ※ 本章重点

◆ 时间轴窗口的操作

◆ 监视窗口的操作

## ※ 学习目标

◆ 掌握项目窗口的操作

◆ 掌握时间轴窗口的操作

◆ 掌握监视窗口的操作

Premiere Pro 2.0工作区内主要包括了Project（项目）窗口、Timeline（时间线）窗口、Monitor（监视器）窗口3个重要的工作窗口，影片的一些编辑工作都可以在这些窗口中完成。还有其他的一些辅助窗口，下面一一介绍这些窗口。

**关键词**

- Project（项目）窗口
- Timeline（时间线）窗口
- Monitor（监视器）窗口
- 辅助窗口

# 4.1 Project（项目）窗口

Project窗口通常分为上部的Preview（预览区）、左下方的Bin（剪辑箱）以及底部的工具栏3部分，其中预览区用于在剪辑箱中被选中剪辑的快速浏览；剪辑箱用来管理所使用的各种剪辑；工具栏中给出与项目窗口管理和外观相关的实用工具，如图4-1所示。

图 4-1　Project 窗口

## 4.1.1　怎样查看剪辑信息

在剪辑箱中选中相应的剪辑，预览区中将出现该剪辑的预览窗口及简单的参数说明，也可单击预览区底部的播放按钮或进度条来播放剪辑。

单击项目窗口或右侧的弹出按钮，将弹出如图4-2所示的菜单，可以对项目窗口的外观进行设置，还能对剪辑箱中的剪辑进行管理和查询。

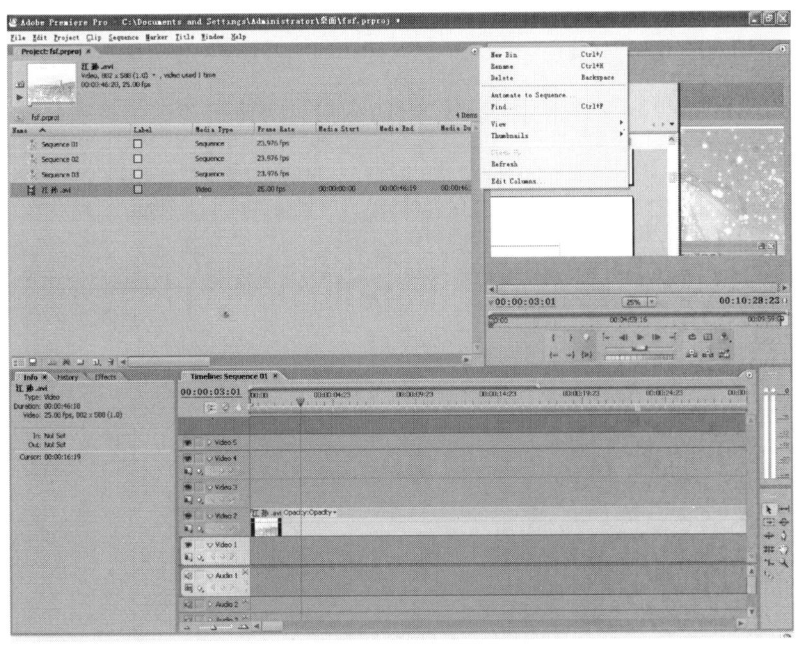

图 4-2　查看剪辑信息

## 4.1.2　剪辑的显示

剪辑箱中的剪辑一般有3种不同的显示方式：

- Icon View（图标显示）
- Thumbnail View（缩略图显示）
- List View（列表显示）

可以通过图4-2所示的设置菜单选择所需的显示方式，也可以通过Project窗口工具栏中相应的按钮快速切换显示方式，如图4-3所示。

图 4-3　切换显示方式

### 4.1.3 剪辑查找

当编辑一个影片有很多剪辑时，可以通过“剪辑查找”快速找到这个剪辑，单击工具栏中的第一个按钮，弹出如图4-4所示的对话框，在其中输入查找条件即可很快地查到所需的剪辑。

图 4-4 查找剪辑

## 4.2 时间轴（Timeline）窗口

### 4.2.1 基本操作

时间轴（Timeline）窗口是Premiere的核心，可以用它把视频片段、静止图像、声音等组合起来。在Premiere Pro 2.0众多的窗口中，居核心地位的是时间轴（Timeline），在时间轴中，可以把视频片段、静止图像、声音等组合起来创作各种特技效果，如图4-5所示。

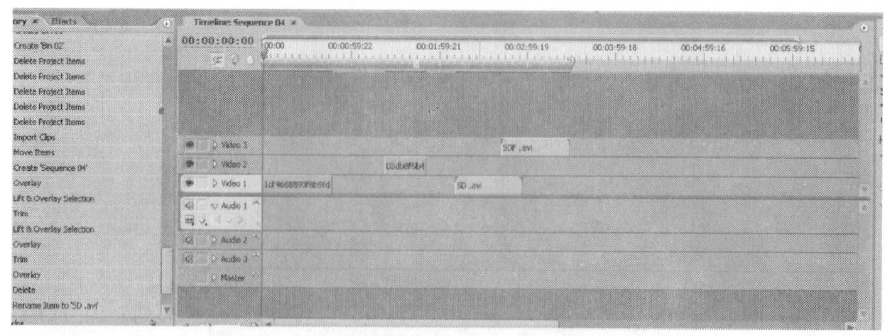

图 4-5 在时间轴中组织素材

Timeline窗口的左上角是工具板，这里集成了常用的编辑工具，带有弹出按钮的表示一个工具类。左边工具板下面的一些图标是Timeline窗口的轨道状态区，里面显示轨道的名称和状态控制符号等，Premiere Pro 2.0默认两条视频轨道和三条音频轨道。右边是轨道的编辑操作区，可以排列和放置剪辑素材。

单击窗口右上角的三角形按钮，弹出如图4-6所示的菜单，这些选项用来改变Timeline窗口的设置参数。

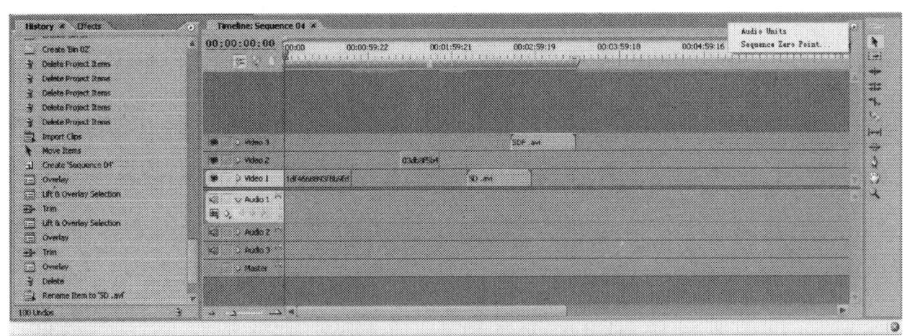

图 4-6　弹出菜单

运用时间轴（Timeline）窗口的技巧如下：

（1）时间轴包括多个通道，用来组合视频（或图像）和声音，视频通道包括Video 1和Video 2。Audio1、Audio2等是音频通道。如需增加通道数，可在通道的空白处右击，从弹出的快捷菜单中选择Add Video→Audio Track命令。

（2）在时间轴右上角单击 ▶，从出现的下拉菜单中选择A/B Editing，可将Video 1切换成包含Video 1A、Video 1B和用于产生过渡效果的Transition，然后选择Single-Track Editing命令，则3条子通道又恢复成Video 1。

（3）可将项目窗口中的素材直接拖到时间轴的通道上，也可以拖动项目窗口中的一个文件夹到时间轴上，这时系统会自动根据拖入文件的类型把文件装配到相应的视频或音频通道上，其顺序为素材在项目窗口中的排列顺序。

（4）要改变素材在时间轴上的位置，只要沿通道拖动即可；还可以在时间轴的不同通道之间转移素材，但需要注意的是，出现在上层的视频或图像可能遮盖下层的视频或图像。

（5）将两段素材首尾相连，就能实现画面的无缝拼接；若两段素材之间有空隙，则空隙会显示为黑屏。

（6）如需删除时间轴上的某段素材，可单击该素材，出现虚线框后按Delete键。

（7）在时间轴中可剪断一段素材，方法是在工具栏中选取刀片形按钮，然后在素材需要剪断位置单击，则素材被切为两段。被分开的两段素材彼此不再相关，可以对它们分别进行删除、位移、特技处理等操作。时间轴的素材剪断后，不会影响到项目窗口中原有的素材文件。

（8）在时间轴标尺上还有一个可以移动的播放头，播放头下方一条竖线直贯整个时间轴。播放头位置上的素材会在监视窗口中显示。可以通过拖移播放头来查找及预览素材。

（9）时间轴标尺的上方有一栏黄色的滑动条，这是电影工作区（WorkArea），可以拖动两端的滑块来改变它的长度和位置，当对电影进行合成的时候，只有工作区内的素材会被合成。

## 4.2.2 Timeline 窗口上的按钮工具介绍

下面介绍常见Timeline 窗口界面上各个部分的名称以及相关的功能，然后再分别介绍隐藏按钮的名称及功能。

Work Area Marker（工作区标识）：提示工作区的位置。

Preview Indicator Area（预览指示器范围）：让看到预览区域的大小。

Work Area Bar（工作区条）：规定工作区域的范围。

Edit Line Marker（编辑线标识）：通过编辑线的位置可以知道当前编辑的位置。

Work Area Band（工作区域区段）：显示整个工作区域所处的位置。

Timeline Window Menu（时间线窗口菜单）：显示出Timeline窗口的各个命令菜单。

Selection Tool（选择工具）：选择并移动轨道上的片段，一次只能选择一个片段。

Superimpose Track（添加轨道）：在需要添加轨道的时候使用。

Toggle Track Output Icon（切换轨道输出图标）：眼睛图标消失的时候，该轨道上的素材的内容就不能进行预览。

Video 1 Track（视频1轨道）：又分为Video 1A和Video 1B两条轨道，两条轨道之间还有一个Transition过渡轨道。

Audio Track（音频轨道）：在音频轨道上放置音频素材。

Track Header Buttons（轨道标题按钮）：当图标消失的时候，该轨道上的素材的内容就不能进行预览。

Lock Icon（锁定图标）：使轨道上的素材不能进行编辑。

Time Zoom Level Popup（时间缩放水平退栈）：根据Timeline时间线上的素材片段的长度大小来确定合适的时间比例。

Track Options Dialog Button（轨道选项会话按钮）：显示出当前各个轨道上的信息。

Toggle Snap to Edges Button（切换咬合边缘按钮）：使两个相邻的素材片段咬合边缘。

Toggle Edge Viewing Button（切换边缘查看按钮）：在两个片段之间相互切换。

Toggle Shift Tracks Options Button（切换移动轨道选项按钮）：切换两个移动的轨道。

Toggle Sync Mode Button（切换Sync方式按钮）：锁定或者解开两个判断的连接关系。

（1）选择工具。单击该工具按钮，里面又包括4个工具：框选工具（拖出一个方框选择多个片段）、虚拟片段工具（将所选中的轨道上等长的素材片段制作成一个虚拟片段）、轨道选择工具（可以选择一个轨道上的所有片段）、多轨道选择工具（在选择点下位置右端多个轨道上选择所有素材片段。

（2）编辑工具。单击该工具按钮，里面又包括5个工具：滚动编辑工具（用来增加片段的帧数，但节目总持续时间不变）、波浪编辑工具（用来拖动片段出点，改变片段长度，相邻片段长度不变，总的持续时间长度改变）、速率拉伸工具（用来改变片段的时间长度，调整片段的速率，以适应新的时间长度）、滑动编辑工具（用来改变前后片段的入出点，剪辑片段时间和总持续时间不变）、传递编辑工具（用来改变一个片段的开始和结束帧，不影响其他片段）。

（3）剪切工具。单击该工具按钮，里面又包括3个工具：剃刀工具（用来将一个片段分割成两个或者两个以上的片段）、多重剃刀工具（用来分割多个片段）、剪刀工具（用来把一个片段剪切成多个片段）。

（4）移动工具，用来移动窗口中的片段，让节目在不同位置中显示。

（5）缩放工具，用来放大或者缩小窗口的时间单位，改变轨道上的显示状态，选中该工具后在轨道上的片段单击则可放大该片段，假如单击的同时按下Alt键，则是缩小该片段的显示状态。

（6）淡化工具。单击该工具按钮，里面又包括3个工具：交叉淡化工具（用来在两个声音片段的重叠区自动建立一个交叉的区域）、淡化调节工具（用来均匀地调节声音或者片段的重叠部分）、软连接工具（用来在视频和音频片段之间建立一个软连接）。

（7）入、出点设置工具。单击该工具按钮，里面又包括两个工具：入点设置工具（用来设置片段入点的位置）、出点设置工具（用来设置片段出点的位置）。

# 4.3 Monitor监视窗口

## 4.3.1 基本操作

在Premiere中如果希望预览或精确地剪切素材，就要用到监视窗口，方法是将视频素材拖入监视窗口的源素材（Source）预演区。在Premiere中可以把项目窗口中的某一段视频素材直接拖动到时间轴上。

另外，在项目窗口双击视频或音频素材，也能取到同样的效果，如图4-7所示。

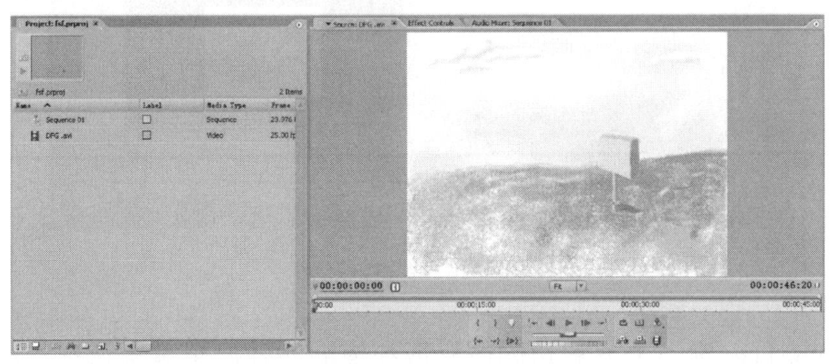

图 4-7 将素材拖入 Source 监视窗口

（1）单击Window→Monitor命令打开Monitor窗口，如图4-8所示，在外观上看和传统电视编辑中常用的编辑器很相似。

图 4-8 Monitor 窗口

（2）Monitor窗口的左窗格称为Source（源）窗格，可以播放、剪辑项目、剪辑库和Timeline中的单个剪辑。Monitor窗格的右窗口是Program（节目）窗格，主要用来播放和编辑Timeline窗口中的视频节目和预览节目等。Monitor窗口的底部是控制器，用来播放和编辑文件。

（3）单击Monitor窗口右上角的三角形按钮，会弹出如图4-9所示的菜单，其中的命令用来改变Monitor窗口的设置。

图 4-9　弹出菜单

（4）用户可以根据工作需要选择双窗口或单窗口显示方式。单击Monitor窗口上方中间的图标或在前面的弹出菜单里选择Single View命令可将Monitor窗口切换为单窗口模式，如图4-10所示。

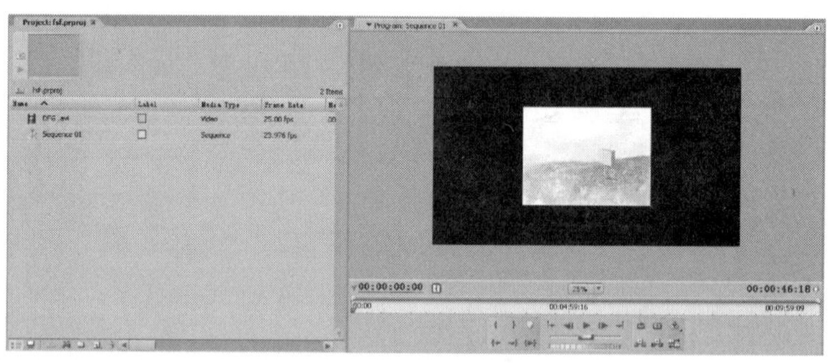

图 4-10　单窗口模式

（5）单击Monitor窗口上方右边的图标或在前面的弹出菜单里选择Time Mode命令可将Monitor窗口切换为修剪窗口模式，如图4-11所示。

图 4-11　修剪窗口模式

（6）单击Monitor窗口上方左边的图标或在前面的弹出菜单里选择Dual View命令可将Monitor窗口切换为双窗口模式，如图4-12所示。

图 4-12　双窗口模式

专业指导

运用Monitor监视窗口的技巧如下：

（1）每个独立的视频素材及声音素材都可放在Source监视窗口中进行播放，通过播放控制按钮 可以随意倒带、前进、停止、播放、循环或播放选定区域，就像使用VCD的遥控器一样。

（2）被装入Source监视窗口的素材文件名都会被系统记录下来，在放映区下方Clip栏中显示当前素材，点倒置的小三角按钮就出现下拉列表，可以根据需要随时调取要预演的素材文件。

（3）在下拉菜单的右方有一个胶片标记 或声音标记 ，有时两个标记都有。它们用于表示该素材是否包括视频部分和音频部分。当用户不需要素材中的某一部分的时候，可在相应的标记上单击，标记就会显示红斜线表示禁用。

（4）为了在后面的编辑中便于控制素材，可对一些关键帧做上标志，方法是单击 ，从下拉菜单中选择Mark，再从下一级菜单中选择一个标志，以后当需要定位到某个标志时，只要单击 ，从下拉菜单中选择Go To，再选择这个标志，就能准确定位。

（5）通过播放控制按钮可看清每帧的画面，当找到起点按下 标志，终点按下 标志，选定了标志区后单击 ，就将所选部分加到了时间轴中。用这种方法可在一个素材中精确地截取一个或多个片段，并分别加入到时间轴中。

（6）监视窗中右半部分的Program主要用于预演时间轴中的素材，并可通过按钮删除时间轴中的选定素材。

（7）对于已经进入时间轴中的素材，可以直接在时间轴中双击素材画面，该素材就会在监视窗口中被打开。

（8）可以通过单击监视窗口顶部的 按钮切换监视窗口的显示方式。单击 可以让监视窗口变为修剪模式，单击 则只显示一个播放区。

## 4.3.2　Monitor窗口上的按钮工具介绍

（1）显示当前Source列表框中的素材的内容。

（2）反向播放按钮：将节目或者预演原始素材反向播放，单击一次跳一帧。

（3）正向播放按钮：将节目或者预演原始素材正向播放，单击一次跳一帧。

（4）停止播放按钮：将正在播放的节目或者预演素材片段停止播放。

（5）播放按钮：开始播放节目或者预演素材片段。

（6）循环播放按钮：将节目或者预演素材片段循环播放。

（7）从头播放按钮：单击该按钮前无论播放位置在什么地方都要回到开始的地方开始播放。

（8）入点设置按钮：用来设置入点的位置，设置当前位置为入点位置，按Alt键的同时单击它时，设置被取消。

（9）出点设置按钮：用来设置出点的位置，设置当前位置为出点位置，按Alt键的同时单击它时，设置被取消。

（10）片段插入按钮1：将当前片段放到编辑线位置，重叠的片段往后移动。

（11）片段插入按钮2：将当前片段放到编辑线位置，重叠的片段被覆盖。

（12）视频轨道选择按钮：激活所在的频轨道，进入编辑状态。

（13）音频轨道选择按钮：激活所在的音视频轨道，进入编辑状态。

（14）工作区条：显示当前工作区域的状态。

（15）定位按钮1：把编辑线定位于时间标尺上前一个片段的开始位置。

（16）定位按钮2：把编辑线定位于时间标尺上后一个片段的开始位置。

（17）添加过渡效果按钮：在过渡轨道的编辑线位置上加入默认的过渡效果。

（18） Dual View（双视窗）按钮：单击时，Monitor窗口出现双视窗，左边的视窗是原视窗，右边的视窗是预览视窗。

（19）Singer View（单视窗）按钮：原视窗和预览视窗合二为一。

（20）Trim Mode（修整模式）按钮：将视窗和工具栏分开，是双视窗模式。

（21）预览视窗：用来播放节目或者播放原始素材片段。

（22）Monitor窗口管理按钮：可将监视窗口的显示状态切换到帧整模式或单一视图模式。还有关于Monitor窗口的其他选项的参数设置。

## 4.4 辅助窗口

上面介绍的Project（项目）窗口、Timeline（时间线）窗口、Monitor（监视器）窗口是Premiere Pro 2.0中最为重要的2个窗口。除此之外，Premiere Pro 2.0中还包含了一些辅助窗口，主要是给用户的编辑工作带来一些方便。这些窗口包括Transition（过渡）、Effect（效果）、Navigator（导航）、Info（信息）、Commands（命令）、History（历史）等面板，将在第5章中进行介绍。

## 本章小结

本章对Premiere Pro 2.0中的3个主要窗口进行了详细介绍，通过对本章的学习应该掌握Project

（项目）窗口、Timeline（时间线）窗口、Monitor（监视器）窗口这3个基本窗口，以便能更好地运用Premiere Pro 2.0软件来完成绚丽的影片剪辑作品。

## 思考和练习题

1. 简述Timeline（时间线）窗口的运用技巧。
2. 辅助窗口中都有哪些面板。

# 第5章

# Premiere Pro 2.0基本面板的使用

## ※ 本章主要内容

- ◆ 介绍Premiere Pro 2.0工作区中的各个面板
- ◆ 掌握控制面板的显示方式

## ※ 本章难点

- ◆ Premiere Pro 2.0工作区中各个面板的应用
- ◆ 改变控制面板的显示方式

## ※ 本章重点

- ◆ Transition（过渡）面板
- ◆ Effect Controls（效果控制）面板

## ※ 学习目标

- ◆ Transition（过渡）面板
- ◆ Commands（命令）面板
- ◆ Effect Controls（效果控制）面板
- ◆ 掌握控制面板的显示方式

Premiere Pro 2.0中还包含了一些辅助窗口面板，这些面板主要是给用户的编辑工作带来一些方便。这些窗口包括Transition（过渡）面板、Effect（效果）面板、Navigator（导航）面板、Info（信息）面板、Commands（命令）面板、History（历史）面板等，下面来对这些辅助面板进行介绍。

**关键词**

- Transition（过渡）面板
- Commands（命令）面板
- History（历史）面板

## 5.1 Transition（过渡）面板

一段视频结束，另一段视频紧接着开始，这就是所谓电影的镜头切换，为了使切换衔接自然或更加有趣，可以使用各种过渡效果。

要运用过渡效果，可选择Window→Show Transitions命令，出现过渡面板，如图5-1所示。Premiere Pro 2.0为视频编辑提供了75种过渡效果，放在11个文件夹下，并用图标的形式给出了过渡示意图。

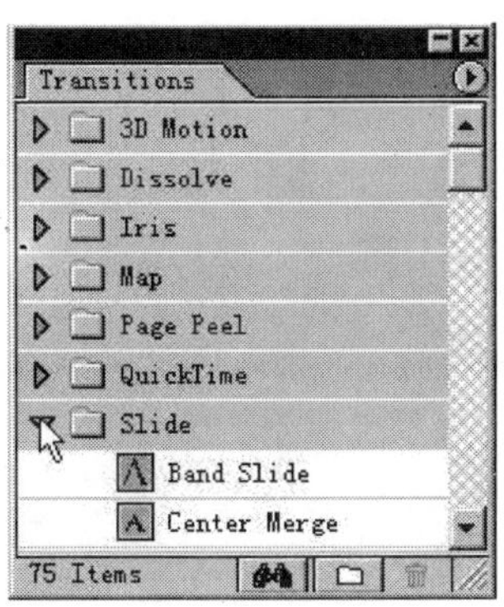


图 5-1 过渡面板

在过渡窗口中，可看到详细分类的文件夹，单击任意一个扩展标志 ▷，则会显示一组过渡效果。

在时间轴中，先把两段视频素材分别置于Video 1的A通道和B通道中，然后在过渡面板中将Band Slide拖到时间轴Transitions通道的两视频重叠处，Premiere会自动确定过渡长度以匹配过渡部分，如图5-2所示。

图 5-2 加入过渡效果

在时间轴中双击Transitions通道的过渡显示区，会出现过渡属性设置对话框，如图5-3所示。

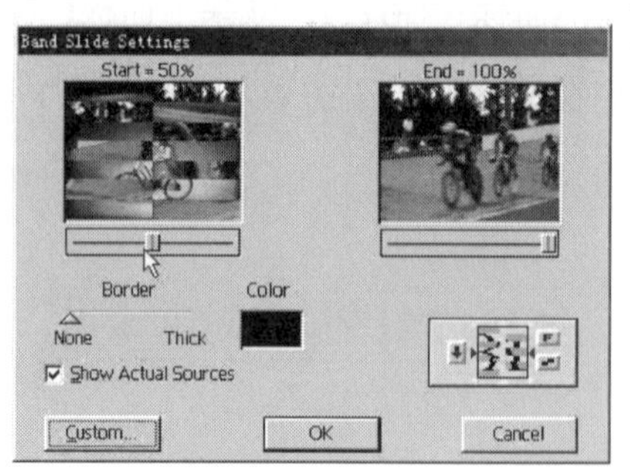


图 5-3　设置过渡

运用 Transition（过渡）面板的技巧如下：

（1）选中Show Actual Sources选项观察画面过渡的效果。

（2）分别拖动Start显示区和End显示区下方的滑块，调节过渡的开始状态与结束状态。

（3）在Border栏，可拖动三角形滑块来改变条边框的厚度，通过单击颜色（Color）框来选定条边框的颜色。

（4）Band Slide默认的效果是将画面切割为7条带状，可单击左下角的Custom按钮，在出现的对话框中改变默认的带状数。

（5）通过对话框右下角的蓝色区域，可以指定过渡的顺序（蓝色箭头）、走向（红色箭头）、以及过渡的方向（F–R按钮）。

完成设置后，按Enter键，将会生成预览电影。如果希望快速显示效果，可按下Alt键后拖动播放头，这时Program区监视窗口中将出现包含过渡效果的画面，如图5-4所示。

图 5-4　通过拖放播放头快速预览电影

**专业指导**

在时间轴中最多可以加入99条视频通道，有Transitions通道的只有Video 1这一条通道，那么其他那些通道是否就不能运用过渡效果了呢？当然不是，单击Video 1以外的其他通道名之前的白色小箭头，可发现被展开的通道中多出了一条附加通道。包含两个按钮，单击其中的红色按钮，素材下方就会有一条醒目的红线，可以通过改变这条红线的折曲状况来设定视频画面的淡入淡出，如图5-5所示。

图5-5 产生淡入淡出效果

## 5.2 Info（信息）面板

使用Info（信息）控制面板：Info控制面板显示了所选剪辑或过渡的一些信息。如果要将剪辑拖到Timeline窗口，能在Info控制面板中观察开始和结束时间的改变。该控制面板中显示的信息随诸如媒体类型和当前活动窗口等因素而不断变化。例如，当选择Timeline窗口中的一段空白、Title窗口中的一个矩形或者Project窗口中的一个剪辑时，该控制面板中将显示完全不同的信息。

单击Window→Show Info命令，开启Info（信息）面板，如图5-6所示，显示选中部分的信息。

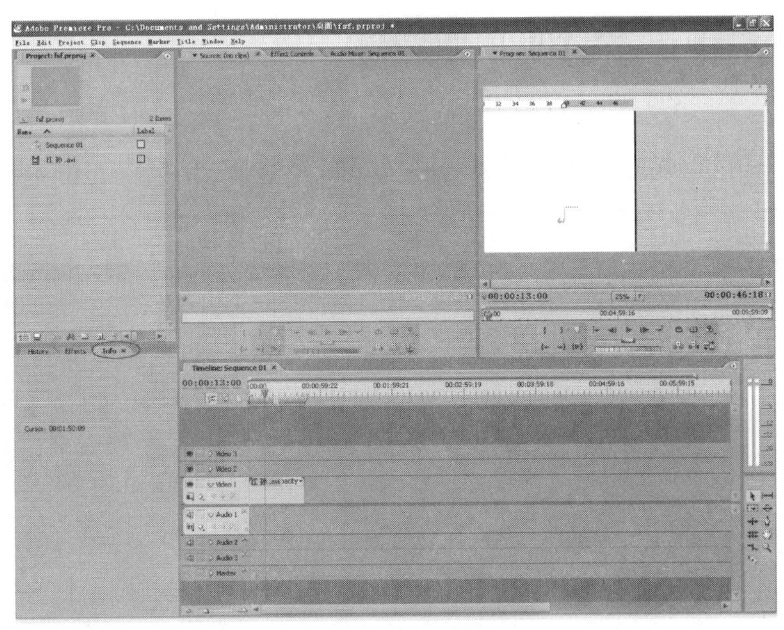

图5-6 Info面板

## 5.3 Video（视频）面板

单击Window→Show Video Effect命令，开启Video（视频）面板，如图5-7所示，提供了74种视频效果。

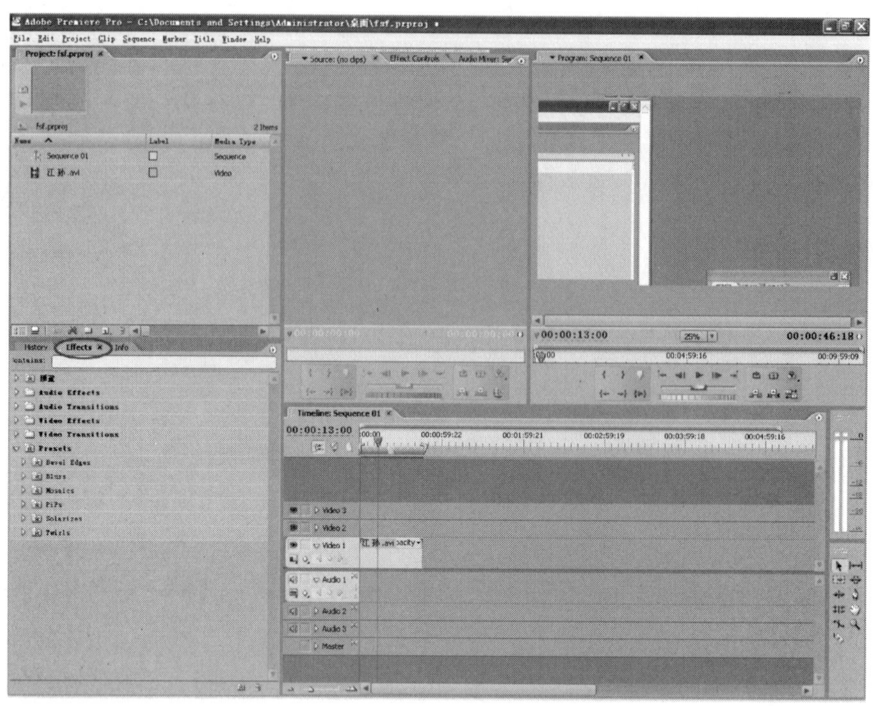

图 5-7 Video 面板

## 5.4 Audio（音频）面板

单击Window→Show Audio Effect命令，开启Audio（音频）面板，如图5-8所示，提供了21种音频效果。

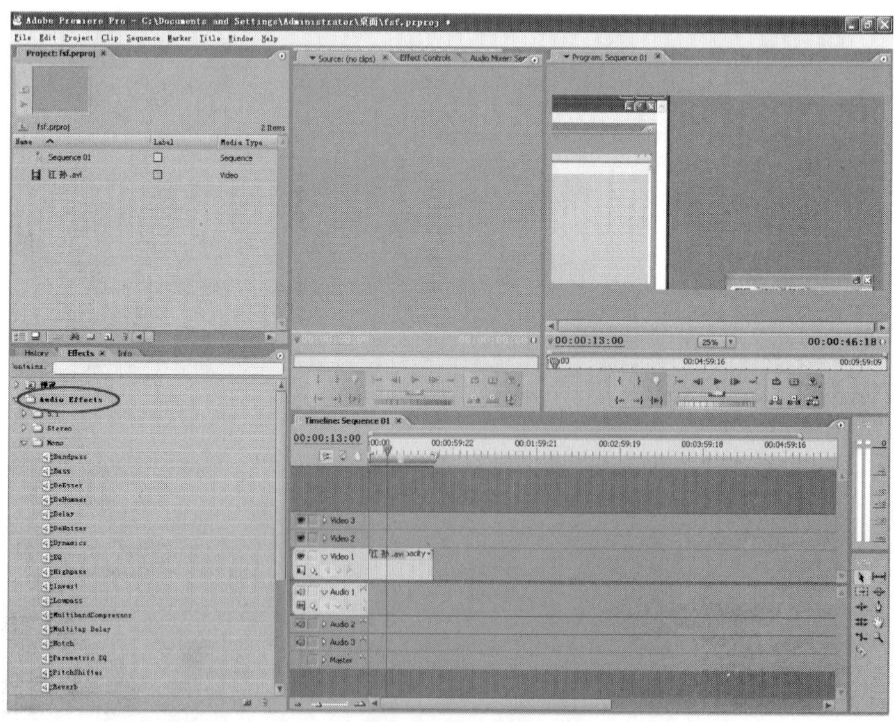

图 5-8 Audio 面板

## 5.5 Effect Controls（效果控制）面板

单击Window→Show Effect Controls命令，开启Effect Controls（效果控制）面板，如图5-9所示，将Video或Audio面板中的效果应用到Timeline窗口中的视频和音频剪辑上后可以在Effect Controls面板中对其进行定制。

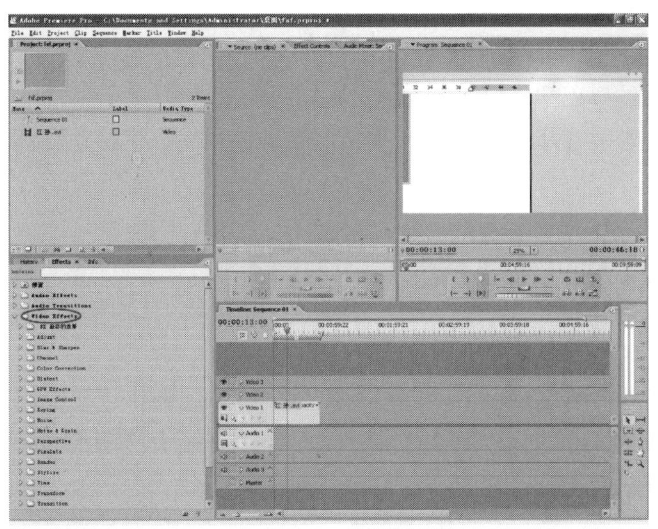

图 5-9 Effect Controls 面板

## 5.6 Navigator（导航）面板

单击Window→Show Navigator命令，开启 Navigator（导航）面板，如图5-10所示。显示的是Timeline窗口口剪辑编排的略图，不同的颜色分别表示不同的剪辑和过渡，利于用户掌握整个节目编排的全貌，并且实现素材的快速定位。其中绿色的方框代表当前Timeline窗口中所显示的范围，红色的垂直线标识了当前时间线的位置，并且和面板下方的文本框中显示的帧数保持一致。

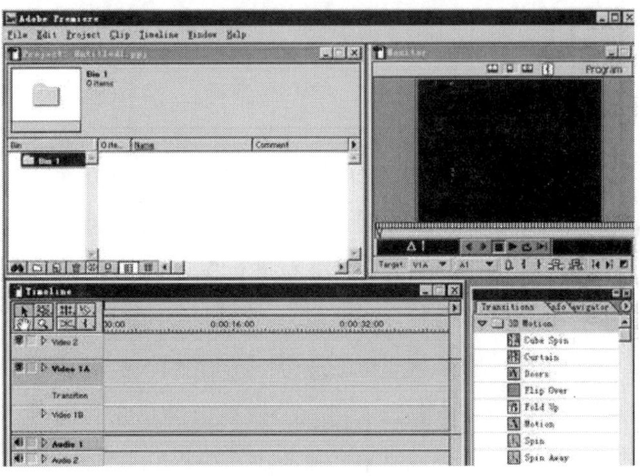


图 5-10 Novigator 面板

使用Navigator控制面板能快速地改变Timeline窗口中的视区，只需要简单地拖动Navigator控制面板中代表Timeline窗口的缩图。也能改变Timeline窗口中显示内容的详细程度。

假如要使用Navigator控制面板改变当前时间的显示时，具体操作如下：

（1）双击控制面板上的时间编码框，输入一个新的时间，然后按Enter键，编辑线将移动到代表此新时间的位置。

（2）单击Zoom Out按钮可以立刻缩小Timeline窗口中显示的内容，因而可以看到更长的节目。

（3）向左拖动缩放滑块可缩小Timeline窗口中显示的内容，而向右则可以放大。

（4）单击Zoom In按钮可以放大Timeline中编辑线处的节目。

（5）拖动当前视区框可滚动Timeline窗口中显示的节目内容。

（6）按住Shift键，然后在Navigator控制面板中拖动编辑线，可移动Timeline窗口中的编辑线。

## 5.7 History（历史）面板

单击Window→Show History命令，开启 History（历史）面板，如图5-11所示。其中记录并显示了该项目最近的一些操作，用户可以通过选择列表中的某一操作恢复到原来的操作。

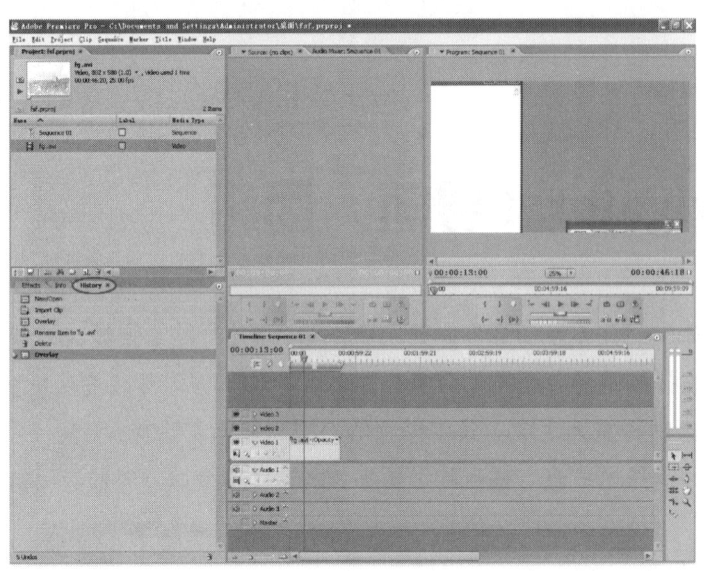

图 5-11 History 面板

History面板是一个新增的面板，它提供了99步的Undo功能，这使得可以尽情地发挥自己的创作能力和艺术能力，强大的Undo功能可以返回到前面任意一处，然后重新进行创作。如果返回到前面的某一点，则位于该点下面的操作将变暗，如果重新进行编辑，则变暗的操作步骤将被系统自动删除。当然。也可以使用面板右下角的垃圾桶工具，或者选择History面板菜单中的Delete命令删除操作步骤。每次改变项目的某个部分时，项目的当前状态都将加入到该控制面板中。

例如，当将一个剪辑加入到Timeline窗口、将一种效果应用于它、拷贝/粘贴到另一条轨道时，这些状态都分别列在控制面板中。如果选择这些状态中的任何一种，项目都将回退到该改变应用时的面貌。然后又可以从该状态下修改该项目。

使用History控制面板可以参考下面的经验：

（1）影响整个节目的全局性改变，如对控制面板、窗口或环境参数所作的改变，都不是对项目本身所作的改变，也就不会增加到History控制面板的记录中。

（2）一旦关闭并重新打开项目，先前的编辑状态将不再能从History控制面板中得到。

（3）关闭一个Storyboard窗口、Title窗口或Batch Capture窗口时，在这些窗口中产生的状态就将从History控制面板中删除。

（4）应用Revert命令将删除自上次保存以来产生的所有状态。

（5）最初的状态显示在列表的顶部，而最新的状态显示在底部。

（6）列表中显示的每种状态也包括了改变项目时所用的工具或命令名称，以及代表它们的图标。某些操作会为受它影响的每个窗口产生一个状态信息。这些状态是相连的，Premiere将它们作为一个单独的状态对待。

（7）选择一个状态将使其下面的所有状态变灰显示，表示如果从该状态下重新开始编辑，下面列出的所有改变都将被删除。

（8）选择一个状态后再改变项目，将删除选定状态之后的所有状态。

（9）要显示History控制面板，选择Window→Show History命令。

（10）要显示项目的一种状态，单击History控制面板中该状态的名称。

## 5.8 Commands（命令）面板

单击Window→Show Commands命令，开启 Commands（命令）面板，如图5-12所示。其中列出了16个最常用的操作命令和它们的快捷键，有利于用户方便地进行操作，提高工作效率，并且用户可以自己定制个性化的命令条目。

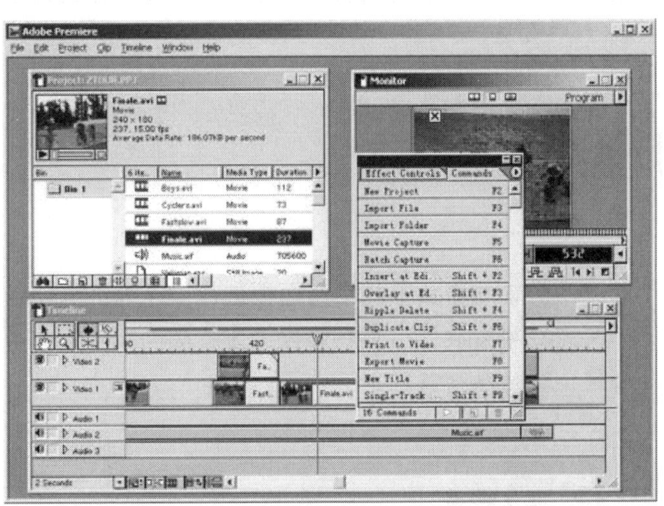

图 5-12 Commands 面板

假如要在控制面板中增加一个命令，具体操作如下：

（1）如果Commands控制面板不可见，则单击其标签或选择Window→Show Commands命令。

（2）从控制面板菜单中选择Button Mode以取消对该菜单的默认选择。

（3）单击Add Command（增加命令）按钮，将显示Command Options对话框。

（4）在Name（名称）文本框中输入想弹出在按钮上的名字。该项为可选项。

（5）为此新按钮从Premiere菜单栏中选择一个命令。

（6）在Function Key选项中，为该按钮选择一个键盘功能键。该项为可选的。下拉列表框中显示了那些当前仍没有被指定给其他命令的功能键。

（7）在Color选项中，为该按钮指定一种颜色，然后单击OK按钮。

（8）从控制面板菜单中选择Button Mode命令，将命令按钮设置为锁定，可以看到New Project命令行变成了紫罗兰色。

## 5.9 改变控制面板的显示方式

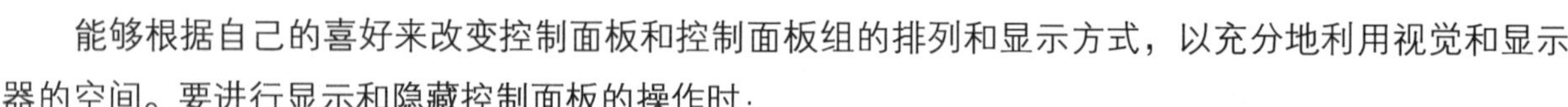

能够根据自己的喜好来改变控制面板和控制面板组的排列和显示方式，以充分地利用视觉和显示器的空间。要进行显示和隐藏控制面板的操作时：

（1）要显示或隐藏一个控制面板，从Window菜单中选择该控制面板的名字。

（2）要隐藏或显示所有打开的控制面板，按Tab键。

可以将一个控制面板移到另一个组和别的控制面板组合在一起，用鼠标指针单击该控制面板顶部的标签，然后将其拖放到目标组中。

假如要分离一个控制面板，将面板标签拖放到另一位置；要将控制面板停靠在另一个控制面板组旁，将面板标签拖到另一个控制面板底部，直到目的控制面板底部被高亮显示，然后释放鼠标；要将控制面板从组合或停靠在一起的控制面板中分离出来，将控制面板标签拖离其他控制面板。

如果有不止一个显示器连接到系统上，并且操作系统支持多显示器的桌面，则能将控制面板拖到其他显示器上。

## 本章小结

本章对Premiere Pro 2.0中的辅助窗口下的常用面板进行了详细讲解，各类面板中有很多的参数和设置，需要操作者具有一定的经验和技巧，所以在学习本章的同时一定要进行练习，尝试不同面板中的不同设置，以便总结出更多更好的经验。

## 思考和练习题

1. 怎样改变控制面板的显示方式?
2. 熟练掌握Transition（过渡）面板的技巧，并用Transition（过渡）面板技巧连接两个影片。

# 第6章 Premiere Pro 2.0字幕制作

## ※ 本章主要内容

◆ 运用Premiere Pro 2.0制作字幕

◆ 掌握Premiere Pro 2.0字幕的效果应用

## ※ 本章难点

◆ Premiere Pro 2.0字幕工具的应用

◆ Premiere Pro 2.0字幕的效果应用

◆ Premiere Pro 2.0滚动字幕

## ※ 本章重点

◆ Premiere Pro 2.0字幕工具的应用

◆ Premiere Pro 2.0字幕的效果应用

## ※ 学习目标

◆ 运用Premiere Pro 2.0制作字幕

◆ 掌握Premiere Pro 2.0字幕的效果应用

◆ 运用Premiere Pro 2.0制作滚动字幕

◆ 范例简介

字幕处理是非线性编辑系统不可或缺的一个重要模块，也是在影视动画后期制作的一个非常重要的内容。

**关键词**

- 字幕工具
- 调整字幕
- 滚动字幕
- 字幕效果

Premiere Pro 2.0中的字幕文件也属于一种剪辑文件，文件名后缀为.ptf，和其他类型的剪辑一样被导入到Timeline窗口中进行剪辑。

# 6.1 创建一个标题文件

（1）单击File→New→Title命令，如图6-1所示。

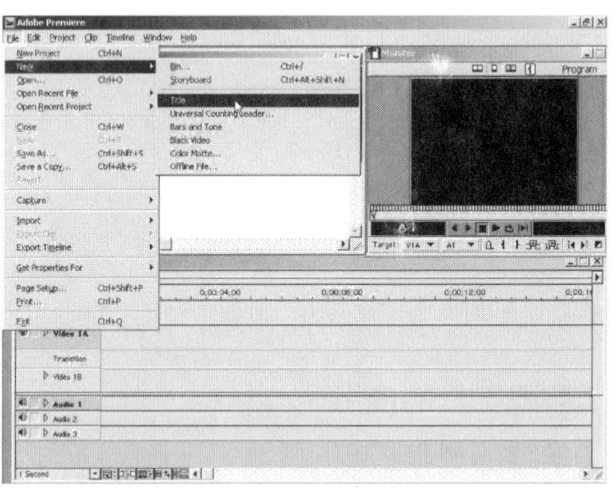

图 6-1　菜单操作

（2）弹出一个未命名的Title窗口，如图6-2所示，在这个窗口中可以创建文本或图形，而此时在菜单栏中也会出现一个Title下拉菜单。

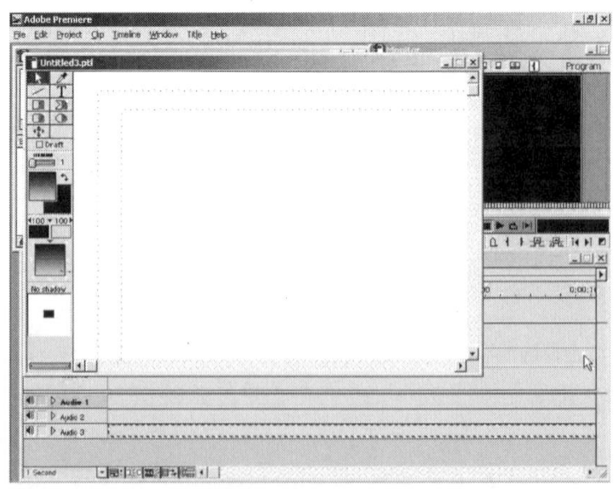

图 6-2　Title 窗口

（3）可以选择文本工具创建文本，作为片头的片名或文字说明，可以进行多种叠加，如图6-3所示。

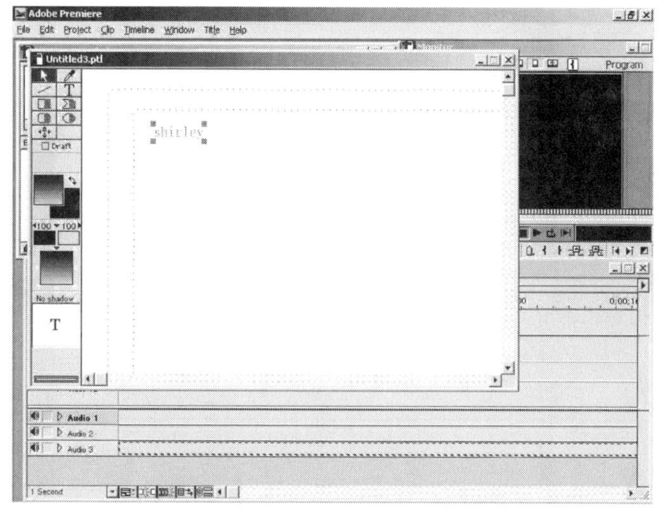

图 6-3　创建文本

（4）还可以使用图形工具创建各种颜色的边框或多种形状的图形，可以进行多种叠加，如图6-4所示。

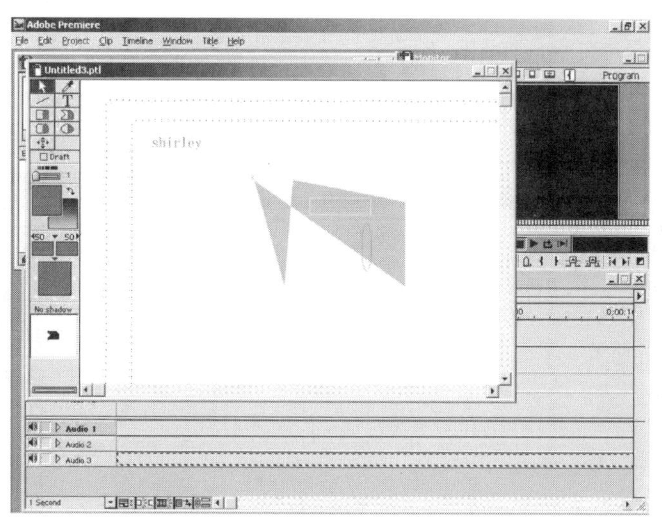

图 6-4　创建边框和图形

（5）一个Title创建完成之后，选择File→Save或Save as命令进行保存，文件后缀名为.ptl，以后可以打开文件进行修改。

## 6.2 文本对象

文本对象是字幕的主体部分，在Premiere Pro 2.0中可以方便地编辑字幕文本。首先介绍如何创建文本对象，再介绍如何制作滚动文本。

（1）在Title窗口的工具板中选择文字工具（Type Tool），其图标是一个大写字母T。在Title窗口内单击，如图6-5所示，出现一个文本区。

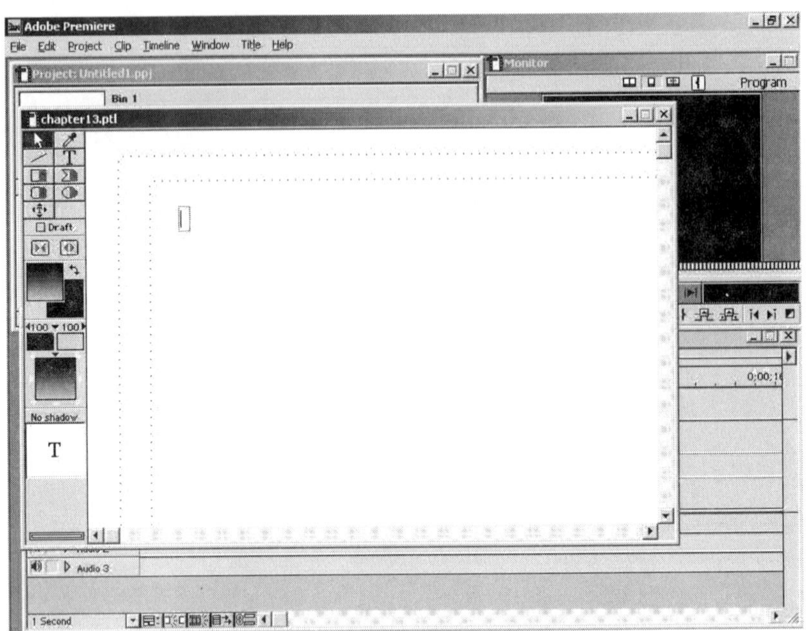


图 6-5　文本区

（2）在文本区中输入文字，如图6-6所示。

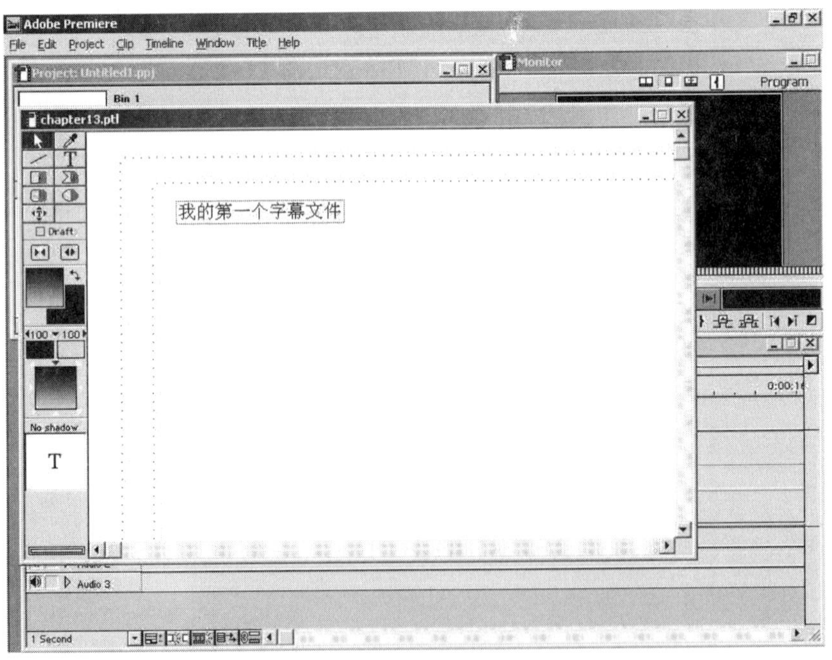


图 6-6　输入文字

（3）文字输入完毕，单击文本框外边的任何地方，文本框消失，如图6-7所示。

（4）单击文本区，可以看到文本区四角各出现一个控制点，此时可改变窗口的前景色。

（5）单击Title工具板中的Object Color按钮，弹出Color Picker对话框，如图6-8所示，选择一种颜色作为前景色。

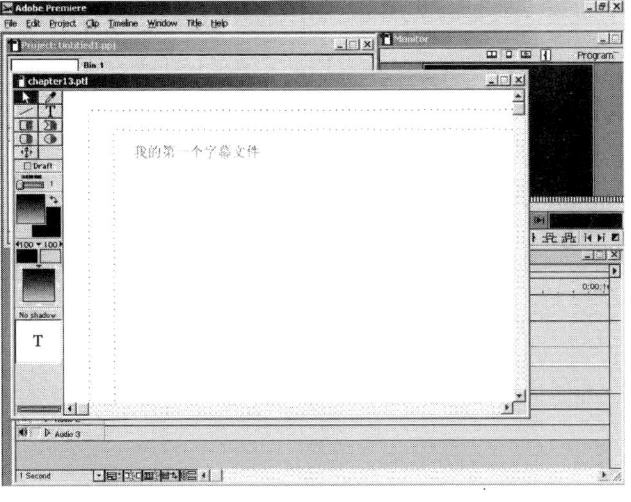

图 6-7　在文本框外单击

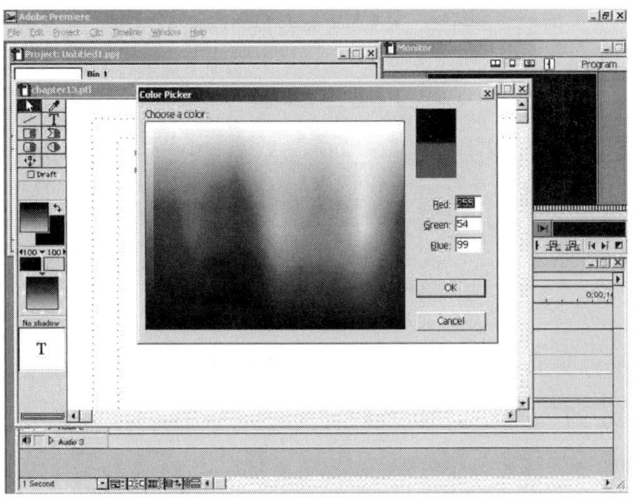

图 6-8　Color Picker 对话框

（6）单击OK按钮后，可以看到被选中的字体颜色变得和前景色一样，如图6-9所示。

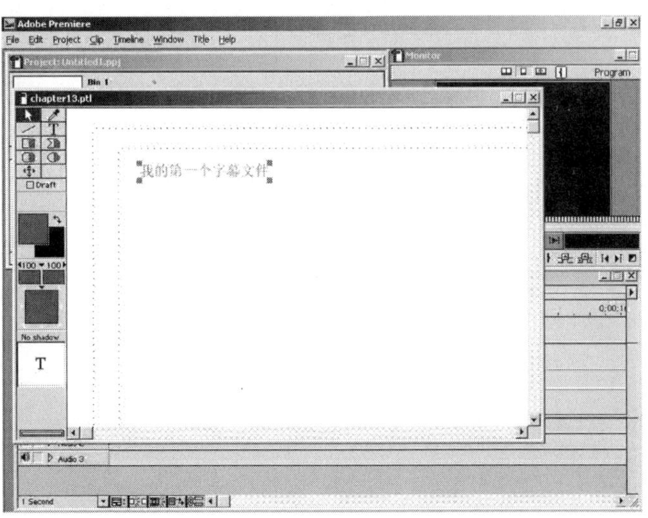

图 6-9　设置效果

（7）如果想减小文字间距，先激活文本框，将光标插入到“字”和“幕”两个字的中间，然后单击Title窗口工具板中的减小文字间距按钮，如图6-10所示，“字”和“幕”的间距变小了。如果想增加文字间距，可以单击右边的增加文字间距按钮。

图 6-10　改变文字间距

（8）如果想改变整个段落的对齐方式，首先单击Title窗口中的Selection工具，单击文本区以选中它，如图6-11所示，选中的文本区四角出现控制点。

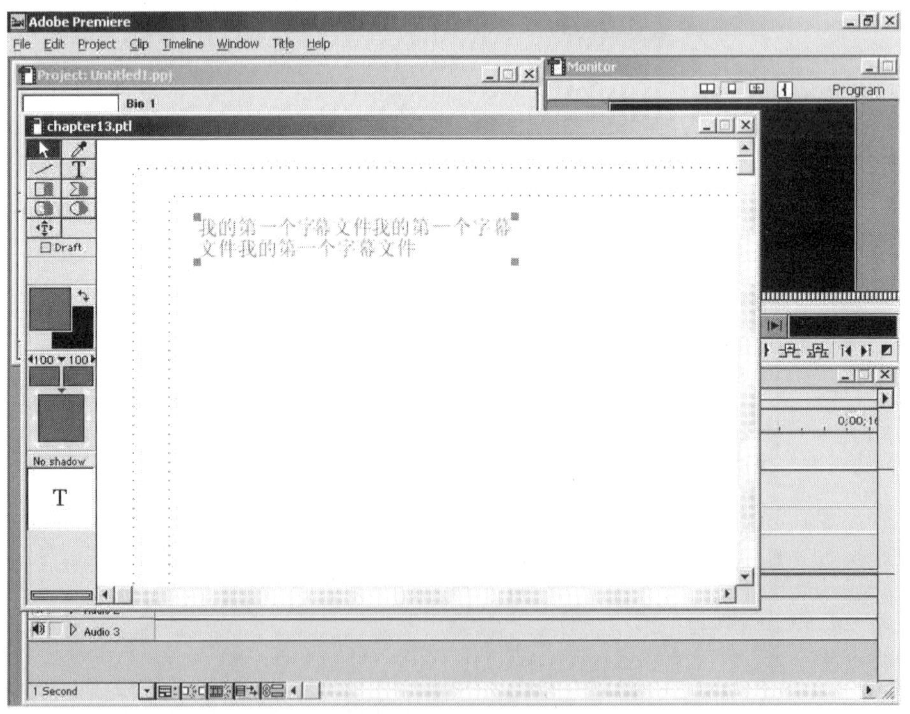


图 6-11　选中文本区

（9）单击Title→Justify选项，其下有3个子菜单，如图6-12所示，Left表示左对齐，Right表示右对齐，Center表示居中。

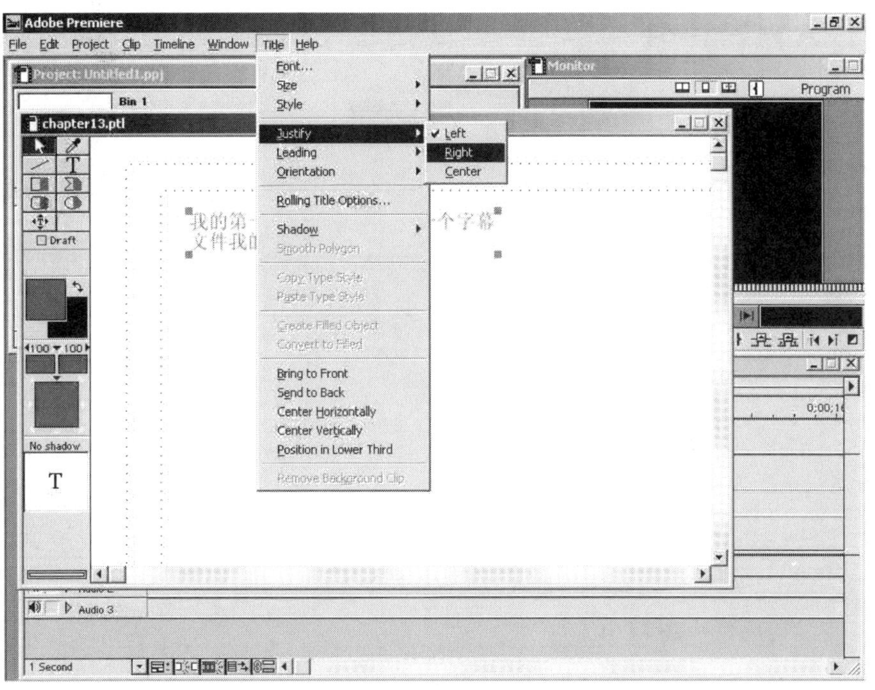


图 6-12　菜单操作

（10）选择Right，文本就右对齐了，如图6-13所示。

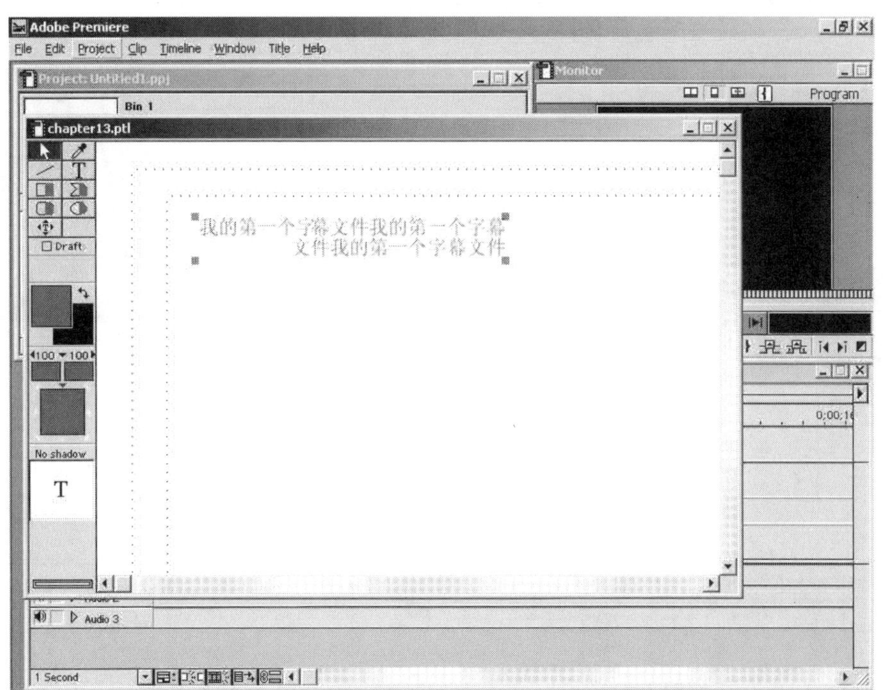


图 6-13　文本右对齐效果

（11）通常情况下，文本是按照从左到右的顺序排列的，也可以垂直排列。单击Title→Orientation→Vertical命令，如图6-14所示。

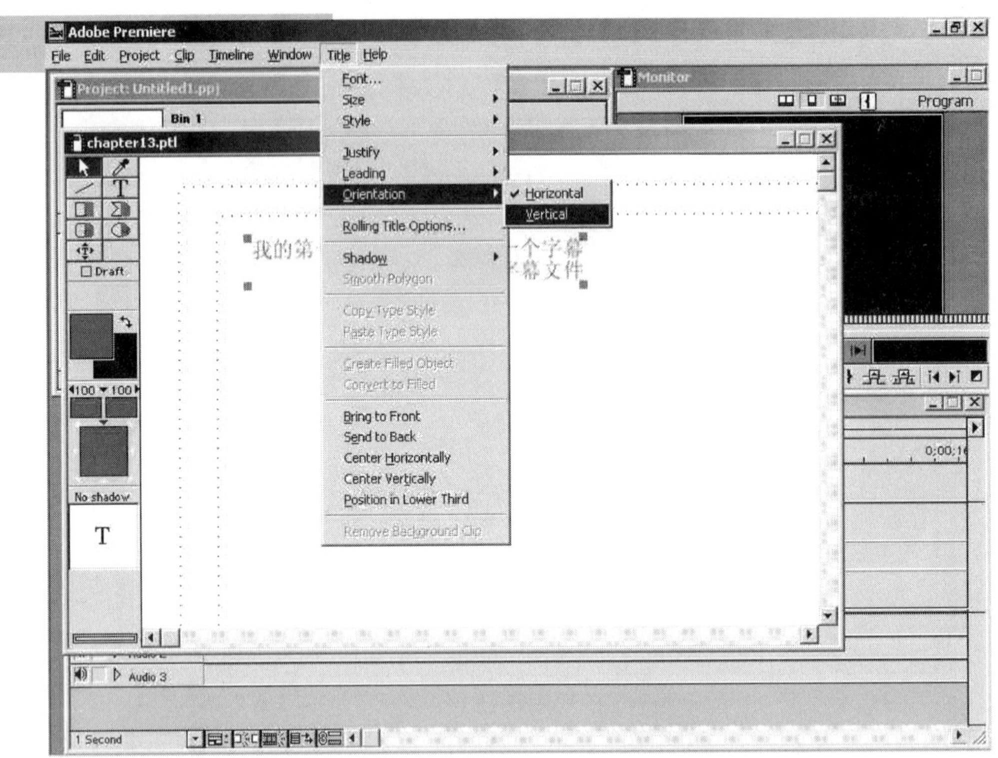


图 6-14　垂直排列文本的菜单操作

文本就变成垂直排列了，如图6-15所示。

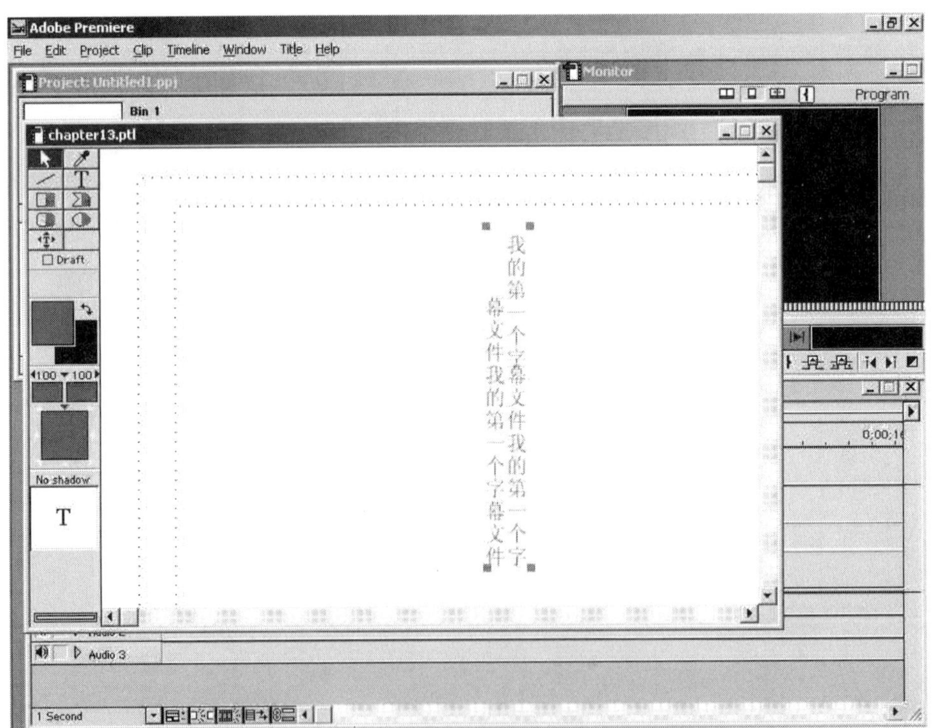


图 6-15　文本垂直排列效果

（12）还可以随意改变文字的形状。按住Ctrl键不放，单击文本区四角的任一控制点，鼠标指针就变成了拉伸工具，拖动鼠标改变文本区域，文字的形状也发生变化，如图6-16所示。

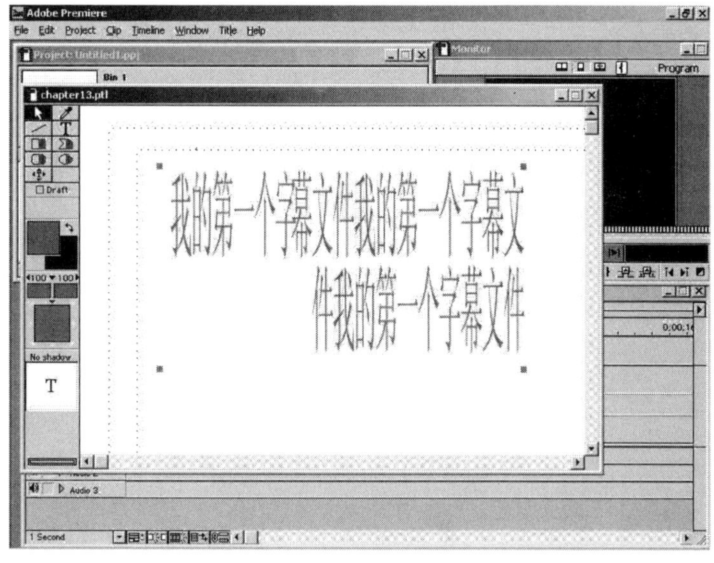


图 6-16 改变文字的形状

**专业指导**

在改变坐标值大小时，有两种方式，既可以在数字上按下鼠标左键不放，通过左右移动来调节数值的大小，也可以在数字上单击，然后在出现的空白中用键盘输入数值的大小。

用同样的方法可以制作出字幕的Scale大小变化、Rotation角度变化、Opacity透明度变化等效果。

## 6.3 滚动文本

滚动文本是电影节目中最常见的一种文本形式，在Premiere中可以方便快捷地创建滚动文本的效果。

（1）单击File→New→Title命令，如图6-17所示。

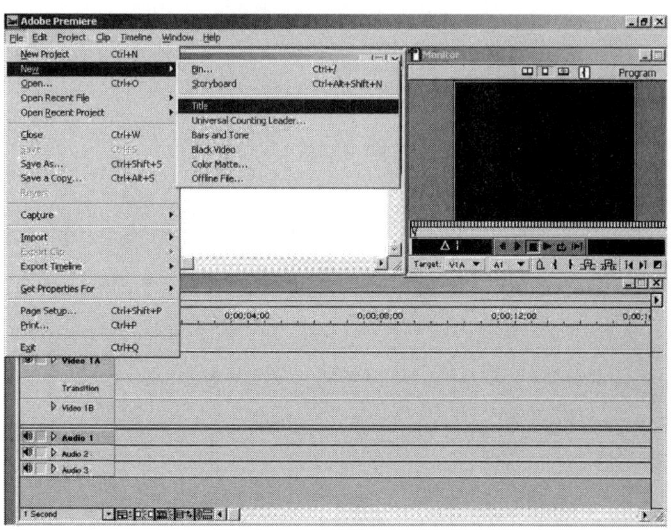


图 6-17 菜单操作

（2）弹出一个新建的标题窗口，可以改变窗口的大小。在标题窗口的标题栏上右击，弹出快捷菜单，如图6-18所示。

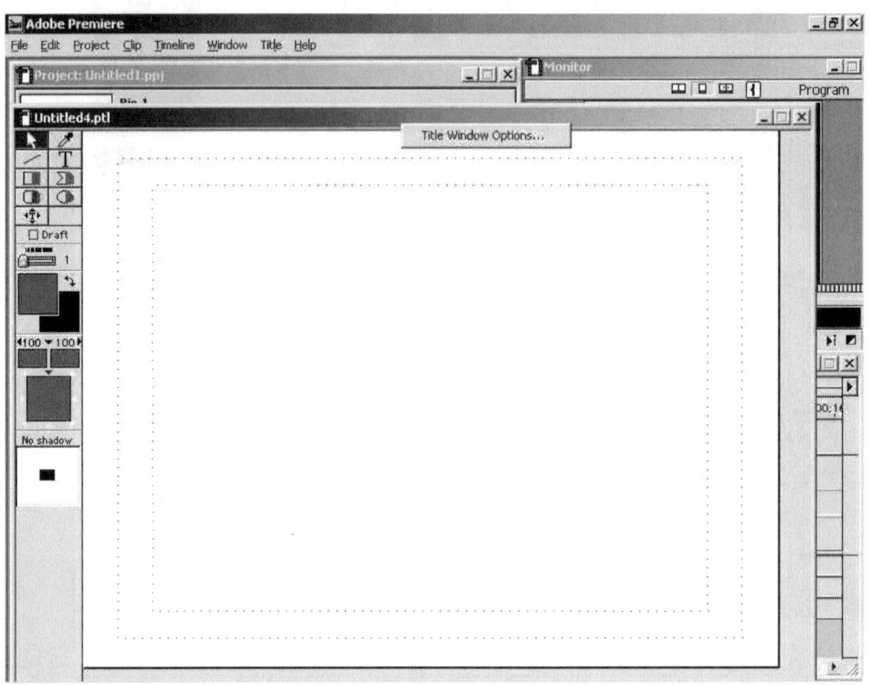


图 6-18　右击标题窗口的标题栏

（3）选择Title Window Option命令，弹出Title Window Option对话框，如图6-19所示。

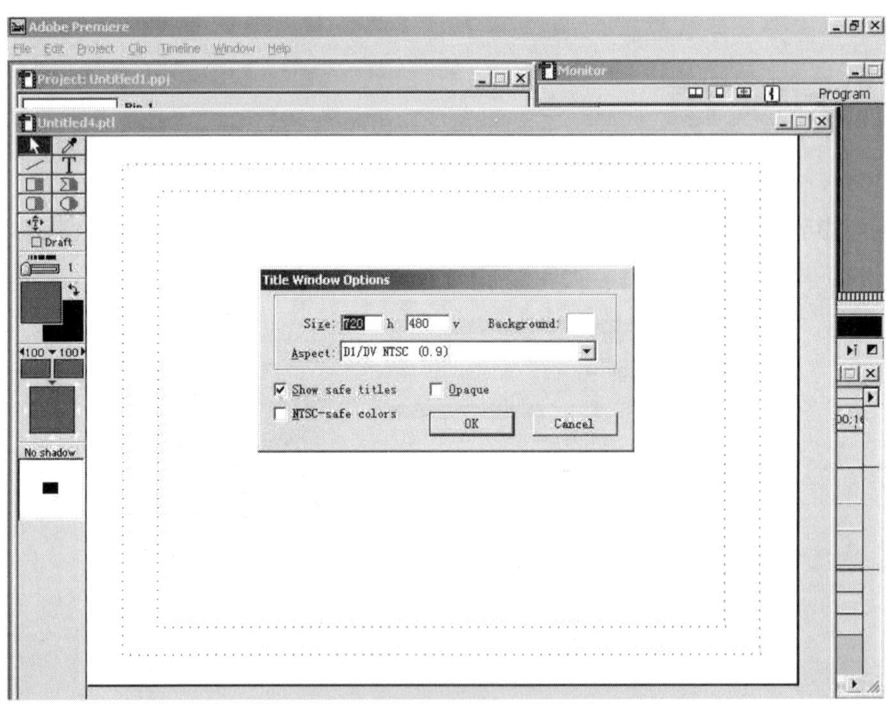


图 6-19　弹出 Title Window Option 对话框

（4）在Size选项后面输入需要的尺寸，并激活show safe titles（显示安全区域）参数，单击OK按钮，如图6-20所示，标题窗口的大小已改变。

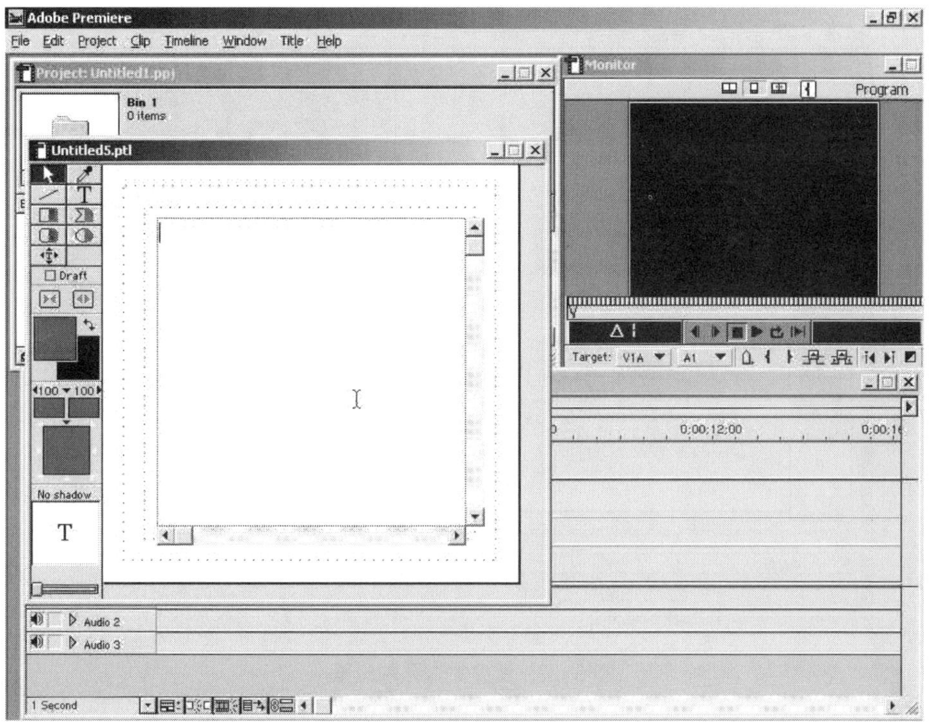

图 6-20　标题窗口的大小发生改变

（5）在滚动文本区中键入需要的文字，可以拖动右边或底部的滚动条来显示更多的内容，如图6-21所示。

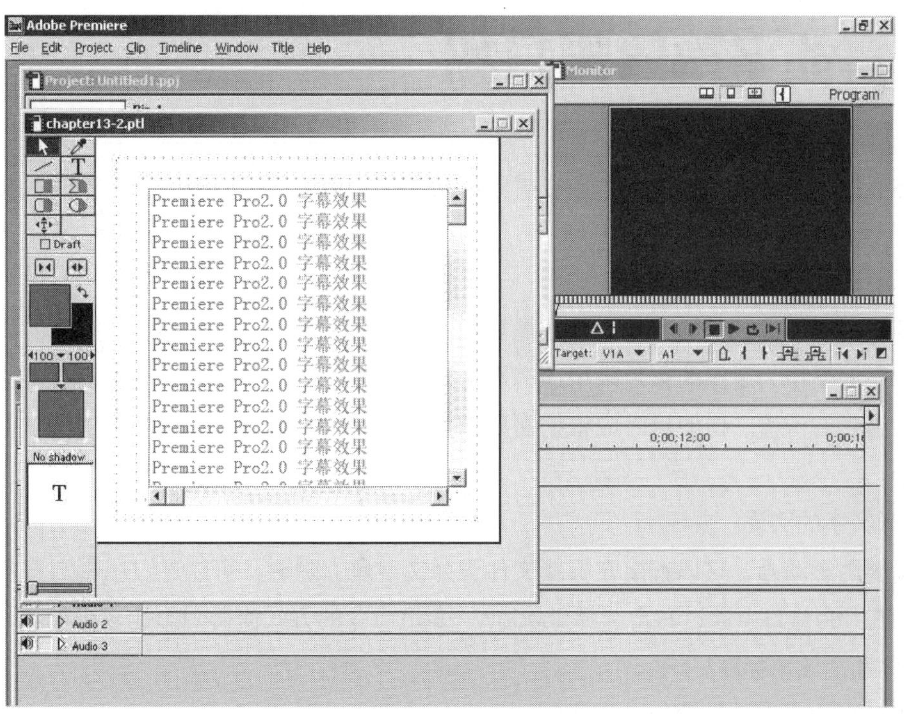

图 6-21　拖动滚动条显示更多内容

（7）文字录入完毕，单击文本区外的任何地方，如果想接着调整文本区的位置，可以激活文本区，如图6-22所示，直接拖动其控制点即可。

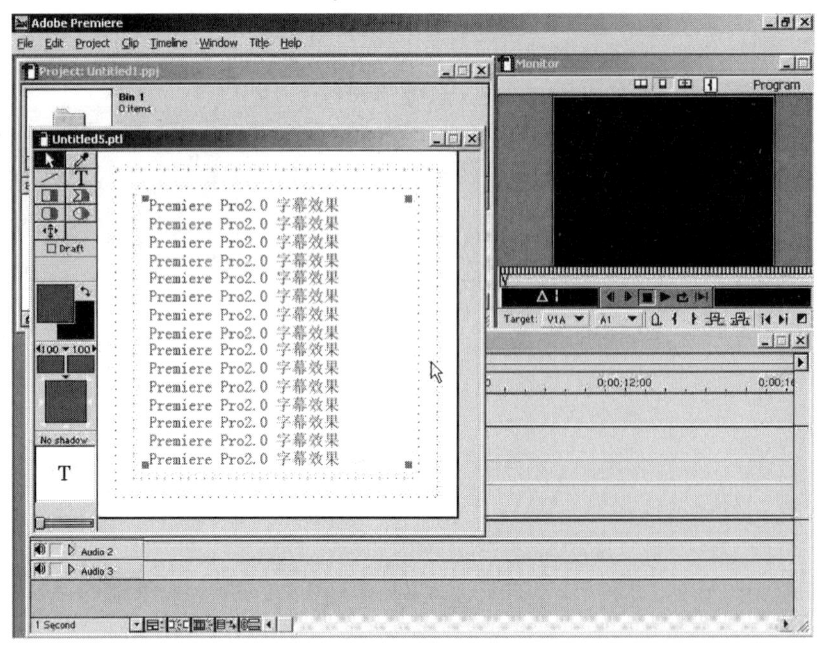


图 6-22 调整文本区的位置

在电影的结尾（或开头）处，一般要出现滚动的字幕，以显示相关信息。在Direction选项中选择Move Up，即向上滚动，如勾选Enable Special Timings，则可改变滚动速度，如果Pre Roll（开始前）、Ramp Up（加速）、RampDown （减速）与Post Roll（结束后）均为零帧，则字幕匀速滚动。

## 6.4 其他字幕效果介绍

下面具体介绍一些标题特效的制作。这些标题特效综合使用了Premiere中的各种手段。

（1）七彩霓虹标题。

（2）透明标题的实现。

所谓透明就是文字框的中间各个影片在播放。这种特效实际和上面七彩霓虹标题的实现方法大体一致，主要的不同是作为底图的影片采用动态影片或图片素材，这里不再举例说明。从应用的角度来说，可能比前者更有价值。但使用时应根据需要调整作为底图的影片或图片的尺寸，以符合标题文件中文字的大小。

（3）阴影文字的实现。

如果不需要阴影动画，可以直接在标题文件里为文字建立阴影，可以通过阴影渐变色调节增强阴影效果，可以在Title窗口中通过右击选择Shadow→Soft命令的方式使得阴影比较模糊。

（4）立体动画效果标题。

主要采用Motion设定中的变形处理实现。

（5）镜像标题。

主要在Motion设定窗口中，利用运动旋转选项使得文字垂直反转，并调整位置实现。可以通过施加Camera Blur滤镜或者直接使用Fade调节以增加模糊效果。

（6）模糊标题。

主要采用Camera Blur镜头模糊滤镜，并结合Motion设定中的Distortion变形实现。

值得注意的是要保证标题影片恢复原状的时间和镜头清晰的时间一致，应注意通过对时间线上点的拖动调整Motion窗口时间线上的帧数和Filter窗口时间线上的帧的位置。

（7）球面三维动画标题效果的实现。

使用Spherize滤镜。该滤镜模拟将影片包裹到一个球面上，通过调节Start点和End点的强度，可以实现一种文字在三维空间动画的效果。

（8）颜色渐变标题效果的实现。

这种效果比较缤纷。使用Color Balance（颜色平衡）滤镜或Hue and Saturation（色相/饱和度）滤镜实现。

（9）动态光晕效果的实现。

主要采用Alpha Glow辉光滤镜实现。该滤镜可以为影片素材Alpha通道的边缘增加彩色的辉光。由于Premiere的标题文件已经自动为文字建立了Alpha通道，因此可以用它制作文字光芒四射的效果。下面的实例实现的效果是文字逐渐发射光芒，光芒强度达到最大。

上面大致列举了9种标题特效，实际上能够实现的标题特效远不止这些，并且对于片头而言，往往还需要组织多个标题同时出现在屏幕中。但最重要的并不是特效本身，而是如何使我们制作的标题效果能够与整个影片相协调，很多时候并不需要复杂的手段，够用就行。

## 本章小结

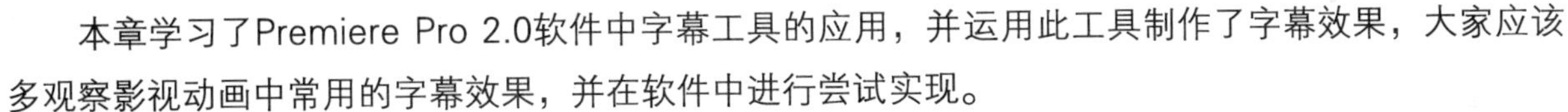

本章学习了Premiere Pro 2.0软件中字幕工具的应用，并运用此工具制作了字幕效果，大家应该多观察影视动画中常用的字幕效果，并在软件中进行尝试实现。

## 思考和练习题

1. 在Premiere Pro 2.0中添加并调整字幕。
2. 制作滚动字幕。

# 第7章

# Premiere Pro 2.0运动效果

## ※ 本章主要内容

- ◆ 运用Premiere Pro 2.0制作动画

## ※ 本章难点

- ◆ 精细调整时间轴路径控制点
- ◆ 调整运动速度
- ◆ 控制运动时间

## ※ 本章重点

- ◆ Premiere Pro 2.0动画效果的应用
- ◆ 精细调整时间轴路径控制点

## ※ 学习目标

- ◆ 调整时间轴路径控制点
- ◆ 调整运动速度
- ◆ 控制运动时间
- ◆ 范例简介

在Premiere中可以在画面上设置一条轨道，相应的剪辑可以沿着这条轨迹运动，从而形成动画效果，本章将对其进行探讨。

**关键词**

- 移动
- 旋转
- 缩放及变形
- 动画效果

# 7.1 制作动画效果

（1）在Timeline窗口中编排好如图7-1所示的素材。

图 7-1 编排素材

（2）单击选中Video 3轨道上的目标剪辑，如图7-2所示。

图 7-2 选中目标剪辑

（3）右击弹出快捷菜单，如图7-3所示，选择Video Option→Motion命令。

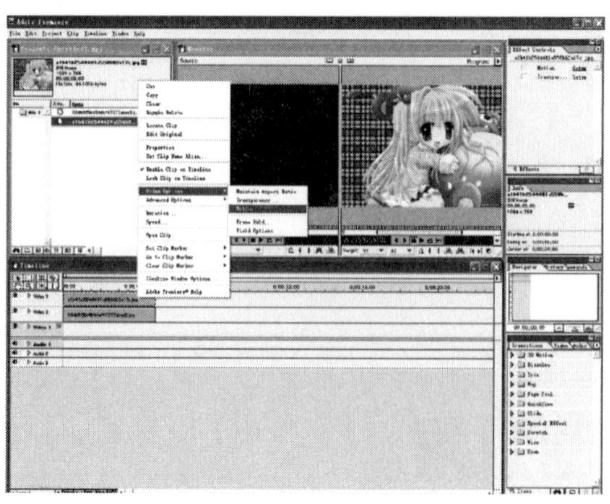

图 7-3　快捷菜单

（4）弹出Motion Settings（运动设置）对话框，如图7-4所示，左上角是运动预览窗格，显示的是系统默认的运动效果，右上角的路径窗格中显示了运动路径，默认的是从左到右的直线运动，只有开始和结束两个控制点。

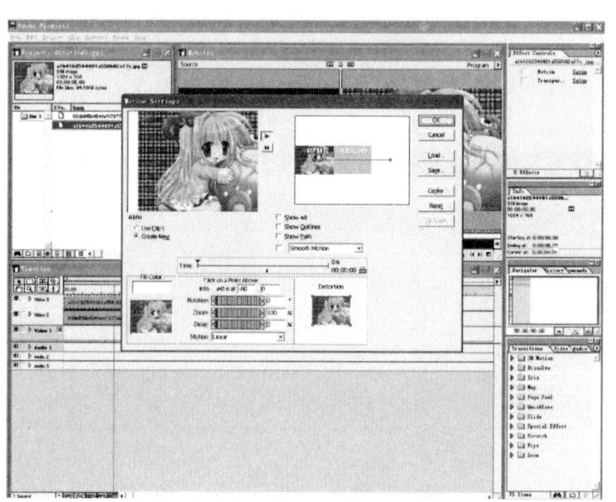

图 7-4　Motion Settings 对话框

（5）如果是比较简单的运动，拖动开始和结束的控制点调整位置即可，如图7-5所示。

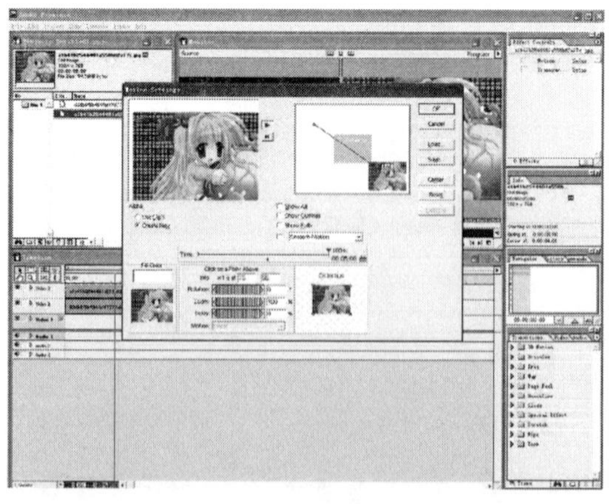

图 7-5　调整位置

（6）当鼠标停留在表示路径的黑线上时，指针变成手指的形状，如图7-6所示。

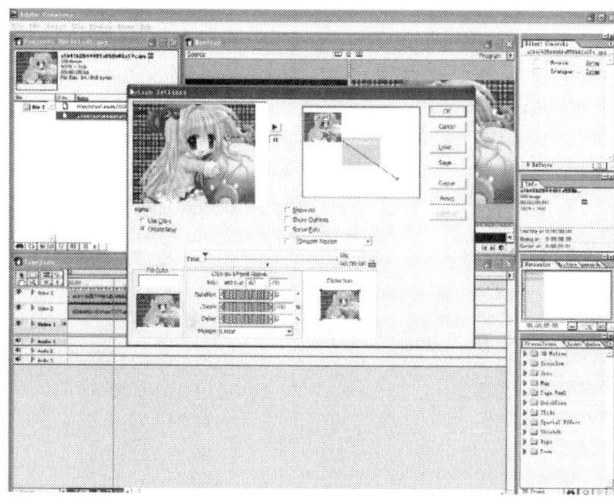

图 7-6　鼠标指针形状

（7）此时单击鼠标，在路径线上就会出现一个新的控制点，如图7-7所示，与开始和结束的控制点一样，也是矩形的小点。

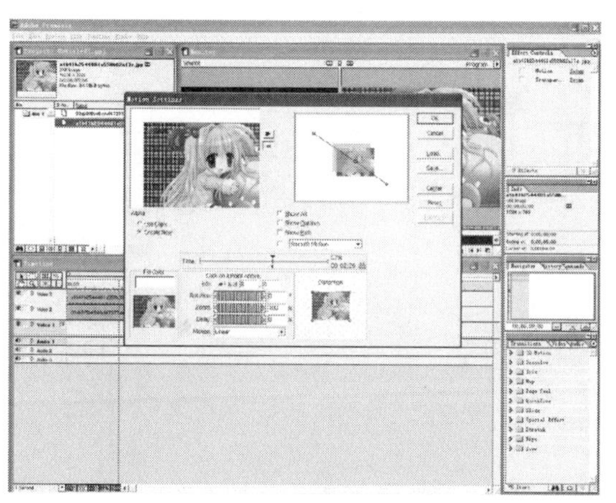

图 7-7　添加新的控制点

（8）除了在路径窗口中直接单击增加控制点外，还可以在Time选项卡中的直线上方单击鼠标增加控制点，鼠标指针变成一个黑三角形，如图7-8所示。

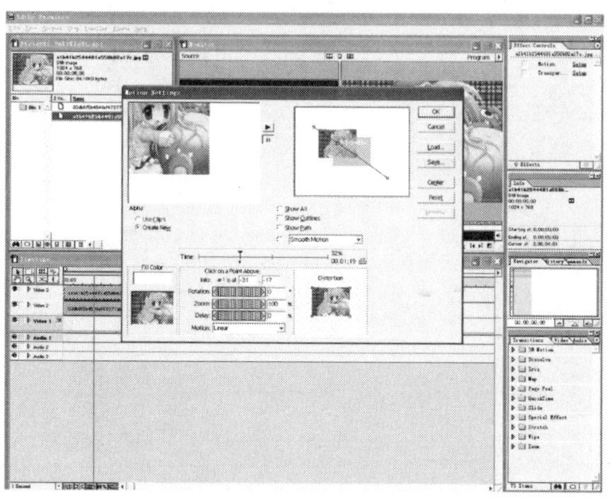

图 7-8　添加控制点的另一种方法

（9）单击鼠标就增加了一个控制点，如图7-9所示，在路径设置窗口中也同步反映出来。

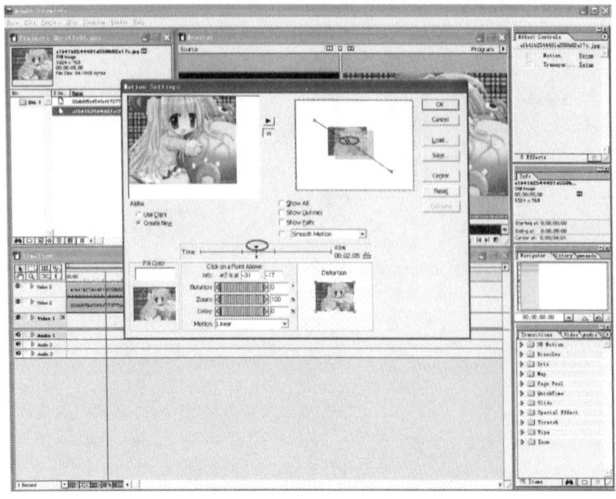

图 7-9　添加控制点

（10）把鼠标指针移动到Time栏中的横线上，鼠标指针变成了手指的形状，如图7-10所示。

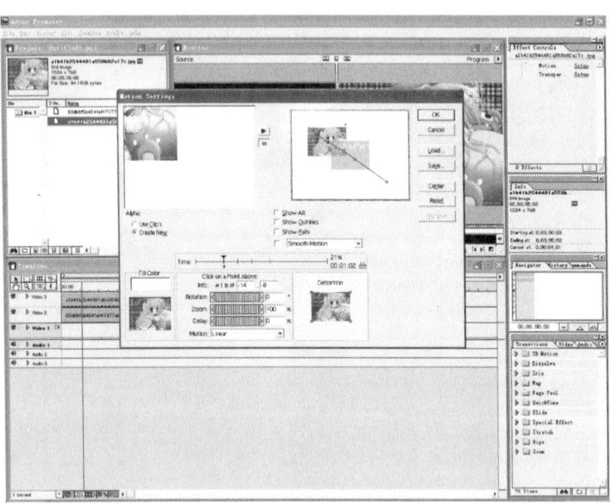

图 7-10　鼠标指针形状

（11）此时拖动鼠标可以移动控制点的位置，如图7-11所示。

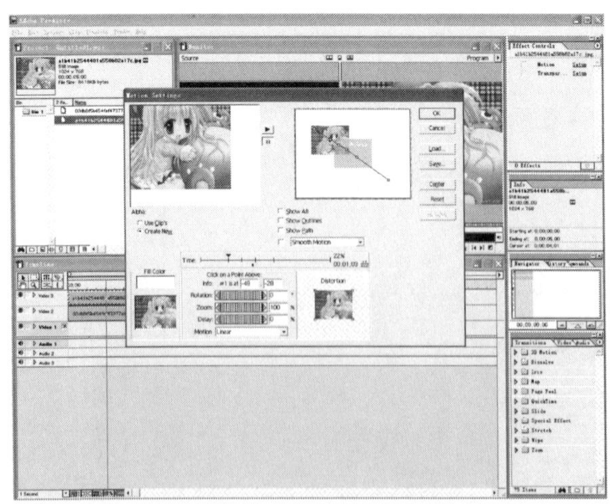

图 7-11　移动控制点位置

在调整路径的过程中，Motion Settings对话框左上角的预览窗格内实时反映出所作的调整，可以单击暂停按钮停止预览，也可以在Time选项卡中，用鼠标拖动横线下方的小黑色箭头实现预览。

（12）设置好运动路径，可以保存起来，以后可以应用到别的剪辑上。单击Motion Settings对话框中的Save按钮，弹出Save Motion Settings对话窗，如图7-12所示，选择要保存的路径，并输入相应的文件名。

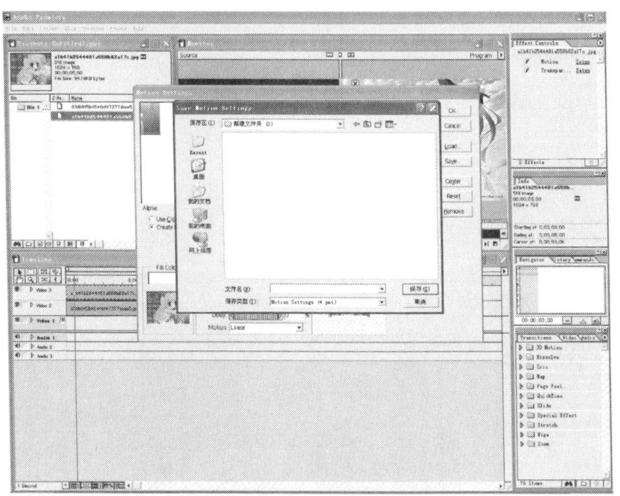

图 7-12　保存运动路径

## 7.2 路径控制点的精细调整

（1）在Timeline窗口中可以看到，应用运动设置的剪辑底端有一条比较粗的红线，如图7-13所示。

图 7-13　红线

（2）在该剪辑上右击，弹出快捷菜单，如图7-14所示，选择Video Option→Motion命令。

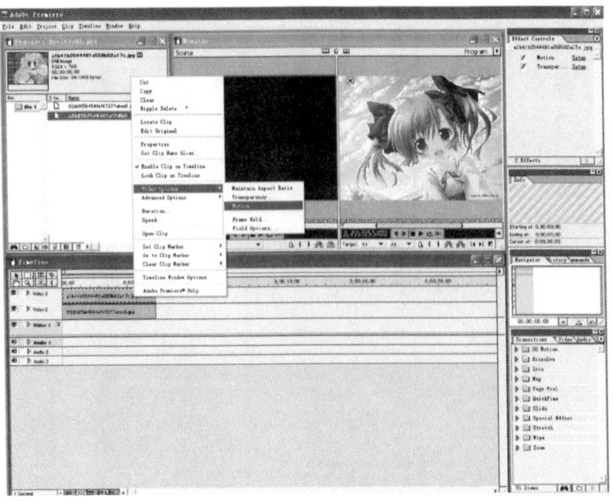

图 7-14　快捷菜单操作

（3）在弹出的Motion Settings对话框中，击活右上角的路径窗格，如图7-15所示。

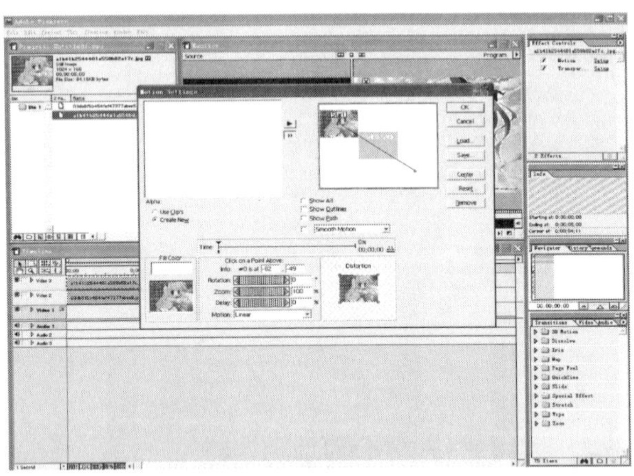

图 7-15　激活右上角的路径窗格

（4）按Tab键可以按照从开始到结束的顺序在控制点之间移动，如图7-16所示。

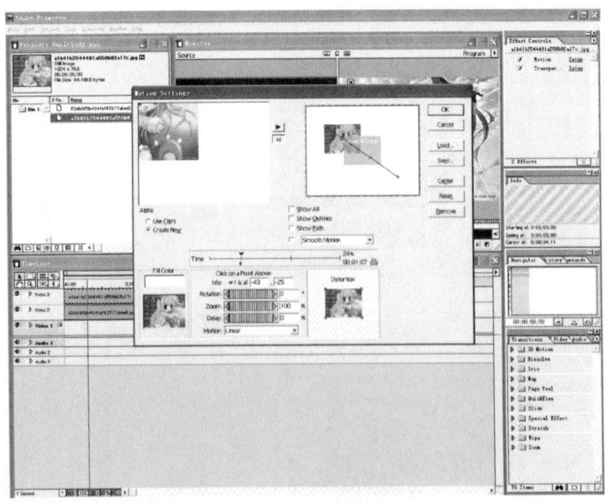

图 7-16　移动顺序

如果在按Tab键的同时按下Shift键，则按相反的方向在控制点之间移动，按Home键可以直接到达Start控制点，按End键可以直接到达End控制点。

（5）选中一个控制点后，按住鼠标不放并拖动，可以改变控制点的位置。

**专业指导**

在选中控制点后，如果按下方向键，则每次移动一个像素，如果同时按下Shift键，则每次移动5个像素。

（6）在Time栏下的Info选项卡中，可以用输入坐标值的方法来定位控制点，如图7-17所示，这样可以准确地定位控制点。

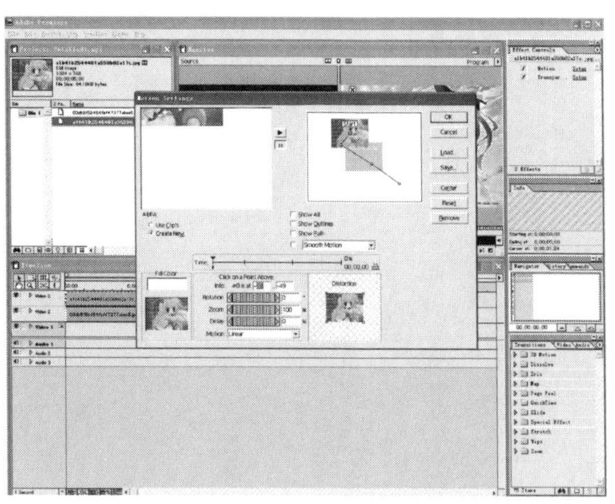

图 7-17　输入坐标值

**专业指导**

由于填入的坐标值是按照80×60的样图来计算的，要想获得更加精确的位置，可以键入小数。

（7）按同样的方法可以调整其他控制点，如图7-18所示。

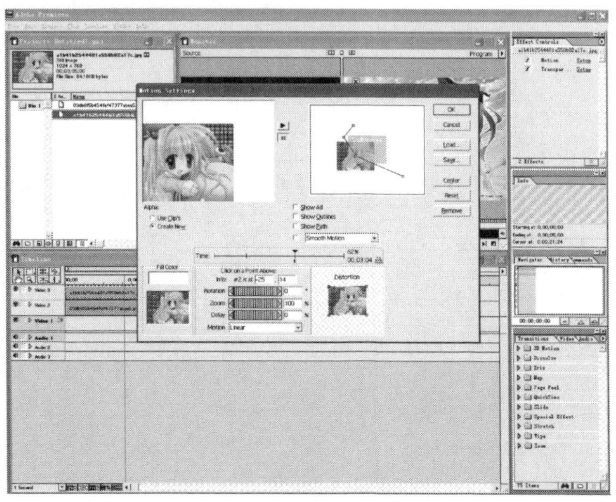

图 7-18　调整其他控制点

## 7.3 改变剪辑的运动速度

（1）在Motion Settings对话框中，可以通过Time栏来控制剪辑的运动速度，如图7-19所示。Time线的长度代表剪辑的时长（Duration），调整它可以产生变速运动。

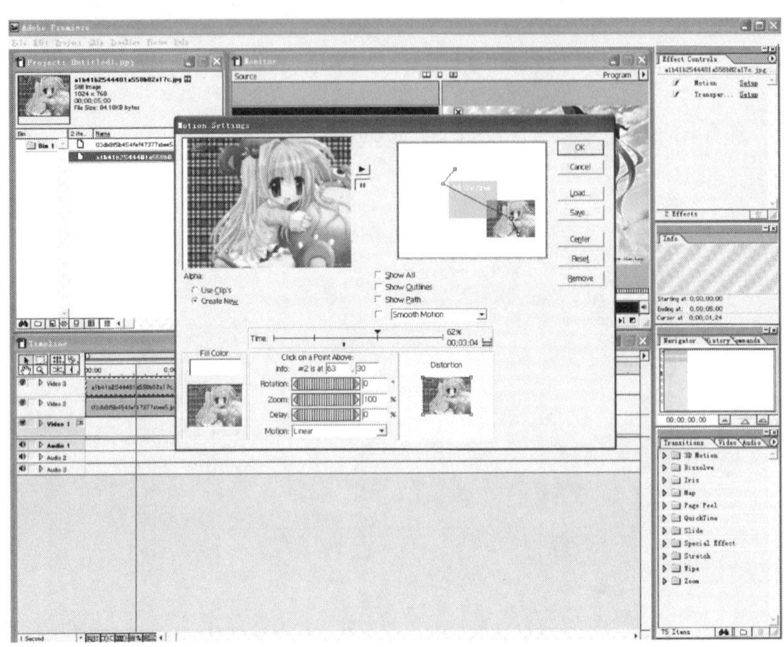

图 7-19　调整剪辑的运动速度

（2）在路径窗格中用Tab键选定一个控制点，或者在Time栏中单击选定，在选定的控制点上方会出现一个黑色的三角形，如图7-20所示。

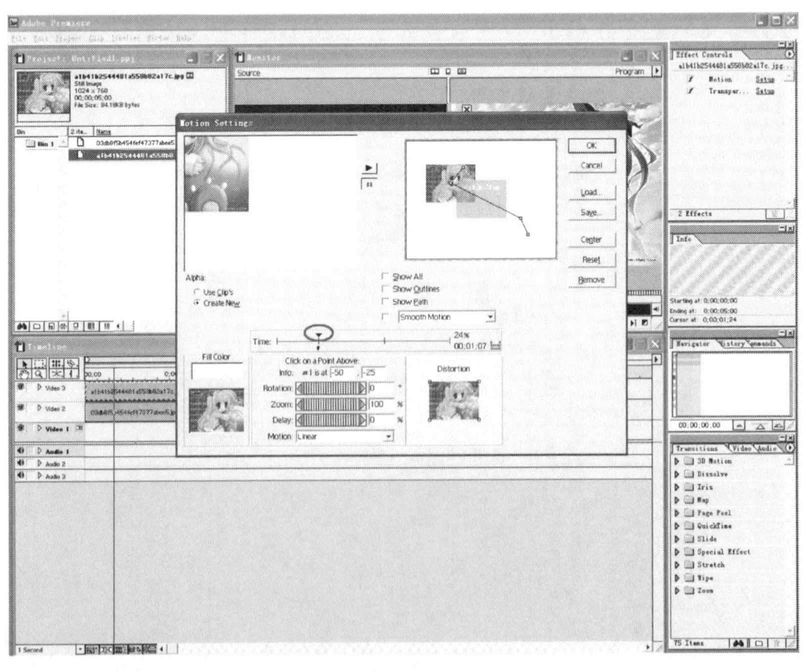

图 7-20　选中控制点

（3）在Time栏中间的横线上用鼠标拖动黑色的三角形，两个控制点靠近就减小时长，反之增加时长，如图7-21所示，但剪辑在显示窗口中的位置不变。

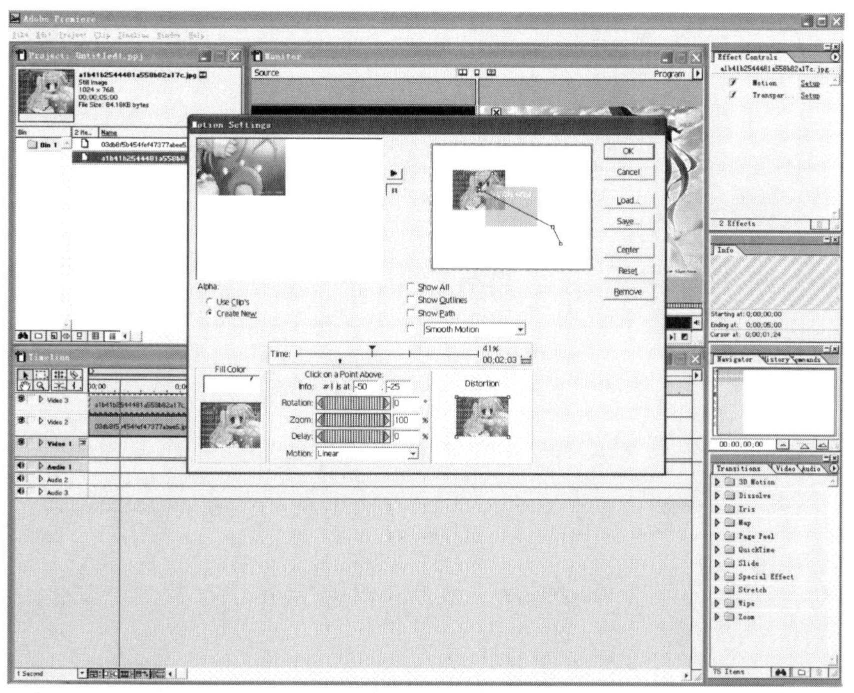


图 7-21　减少 / 增加时点

（4）如果要删除一个控制点，先要在路径窗格中或者在Time栏中选定这个控制点，如图7-22所示。

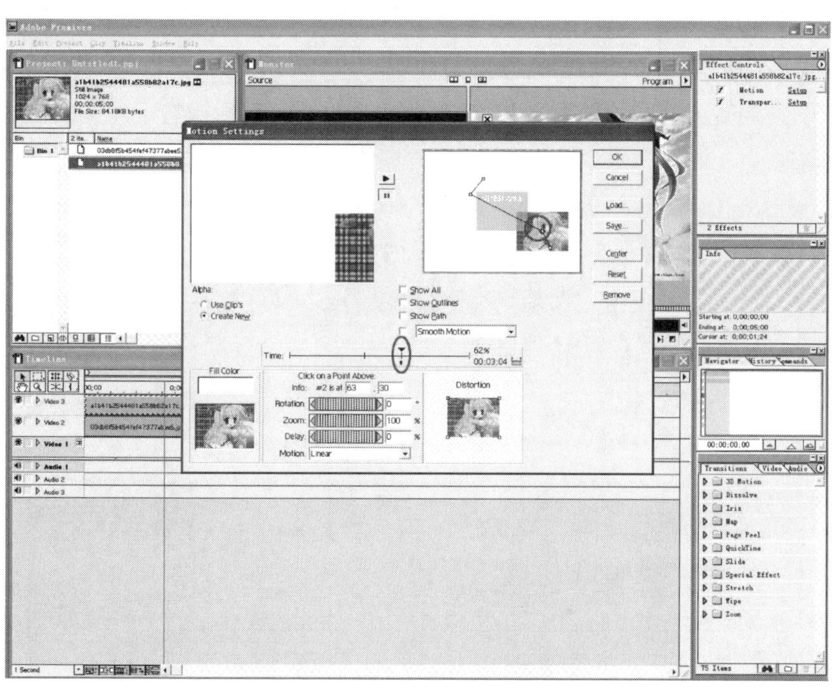


图 7-22　选中控制点

（5）按Delete键即可删除选中的控制点，如图7-23所示，可以在路径窗格中看到刚才选中的控制点已经消失。

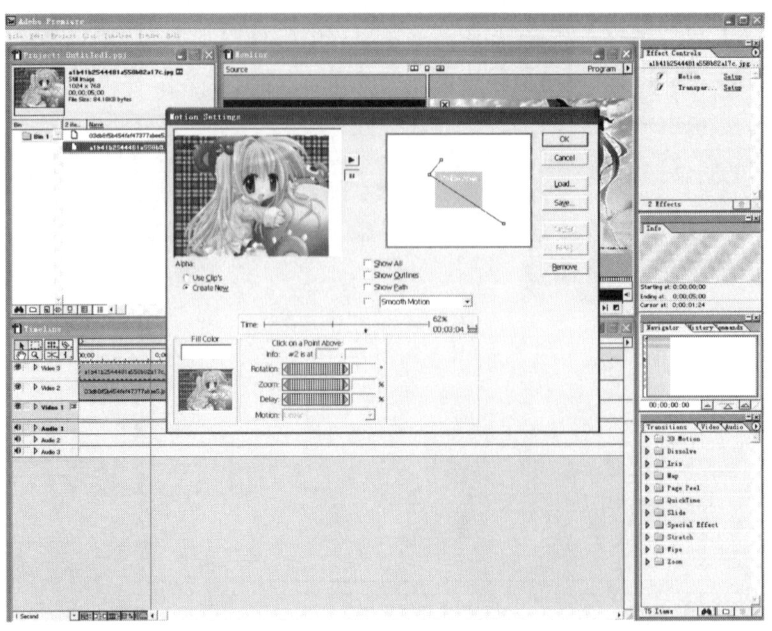

图 7-23　删除控制点

## 7.4 运动画面的翻转、缩放、停滞和变形

不但可以设置画面沿路径移动的动画效果，还可以让画面产生翻转、缩放、停滞和变形等效果。

（1）在如图7-24所示的Motion Settings对话框中，底部中间的参数Rotation、Zoom、Delay、Motion分别用来设置翻转、缩放、停滞效果。Motion Settings对话框右下角的变形窗格中的4个控制点可以作出各种变形。

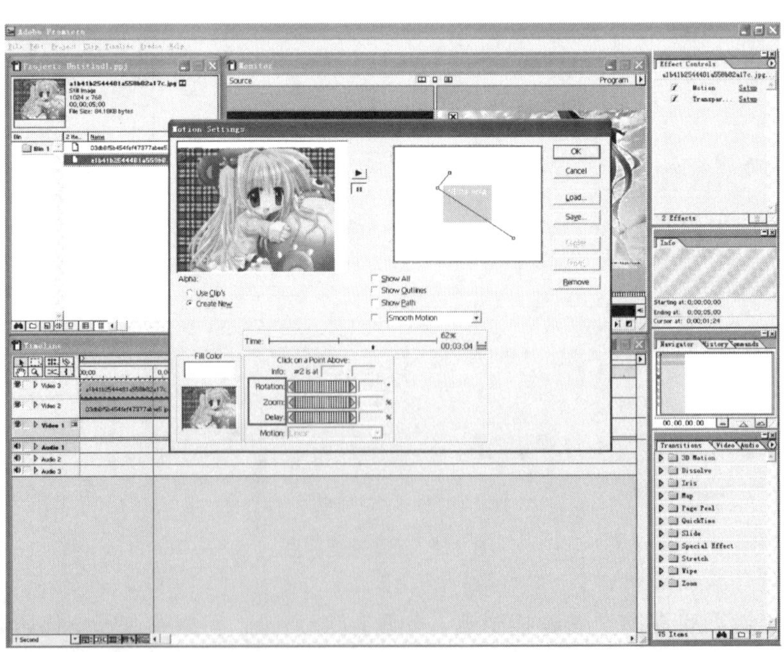

图 7-24　Motion Setting 对话框

（2）在路径窗格中选定一个控制点，如图7-25所示，图形显示在选中的控制点上，也可以在Time栏内选取。

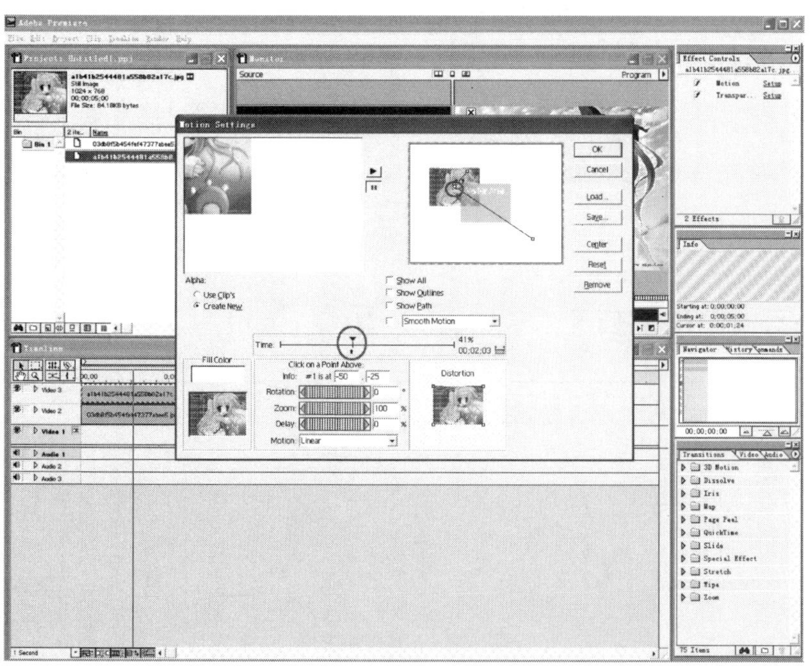

图 7-25　选中一个控制点

（3）在Rotation选项中输入角度值720，如图7-26所示。使剪辑在到下一个控制点的过程之中旋转，角度值可以定义为-1440～1440。同时在路径窗格中可看到应用了旋转的控制点变成了红色。

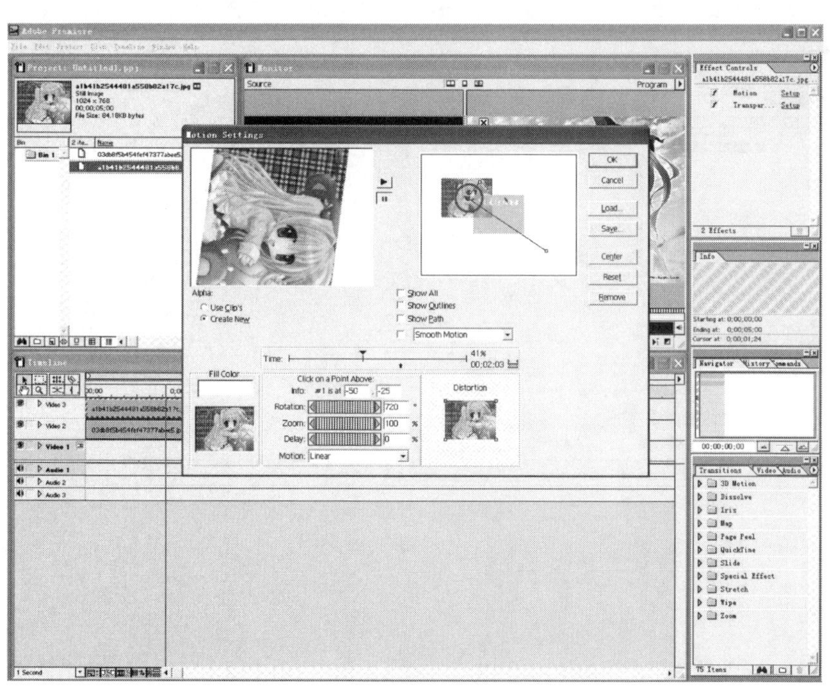

图 7-26　输入角度值

（4）在Zoom选项中输入缩放值320，如图7-27所示，可以使剪辑在关键帧处放大或缩小，缩放值可定义为0～500。可以在路径窗格中看到剪辑的缩放效果。

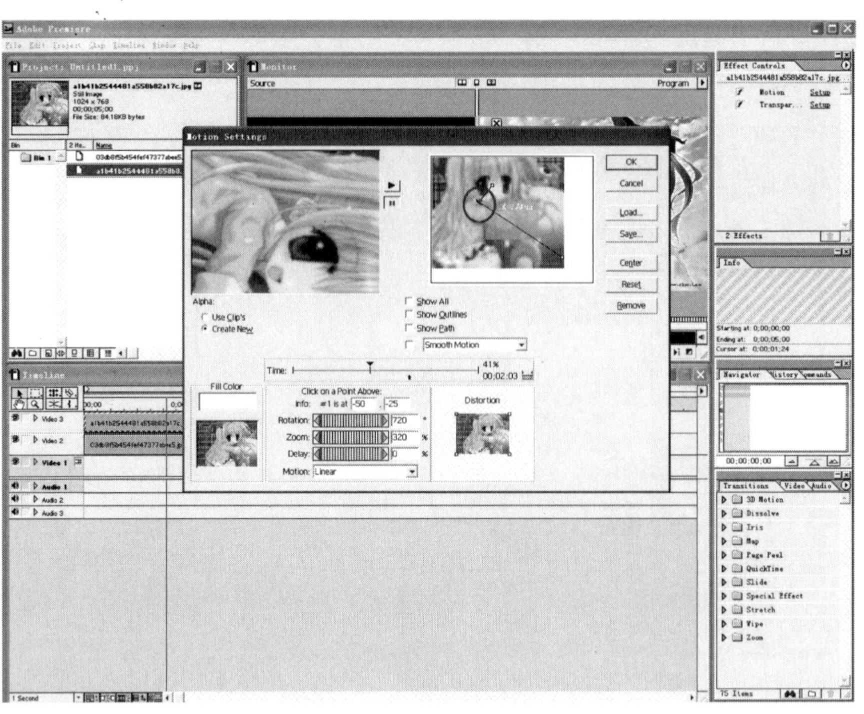

图 7-27　输入缩放值

（5）在Delay选项中可以设定剪辑在某个点上的停滞时间，在Motion选项中，有3个可选值，如图7-28所示，选择Linear，表示匀速运动，选择Decelerate，表示减速运动，选择Accelerate，表示加速运动。

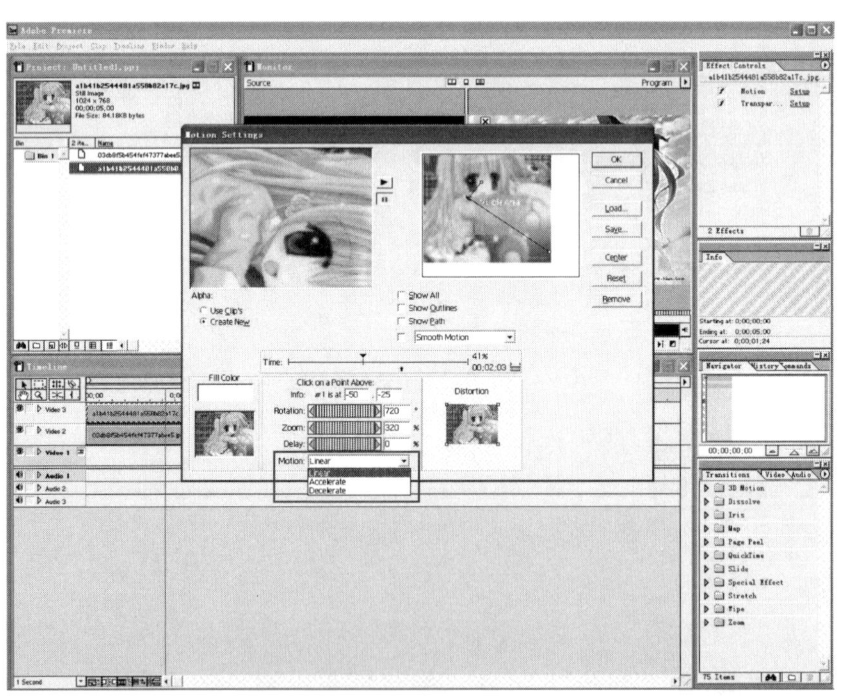

图 7-28　设置剪辑的停滞时间

（6）在变形窗格中，剪辑简图四角各有一个控制点，鼠标指针放在其上会变成手指的形状，单击并拖动鼠标就可以移动控制点使之变形，如图7-29所示。

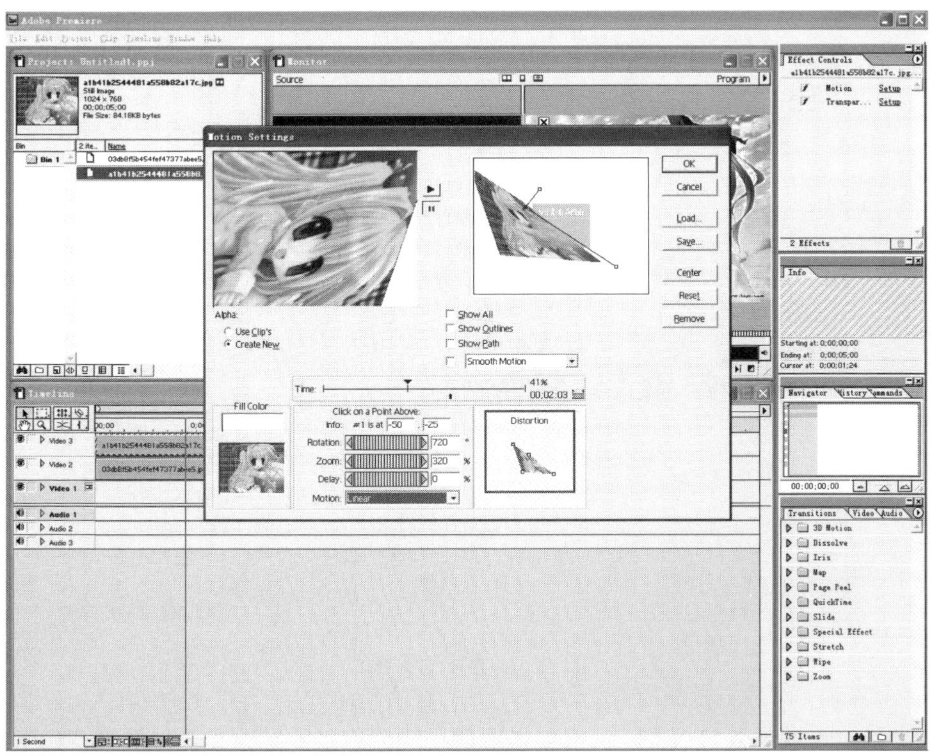


图 7-29　剪辑变形

（7）如果想移动整个剪辑图像，把鼠标指针放在简图上方，鼠标指针变成四向箭头，如图7-30所示。

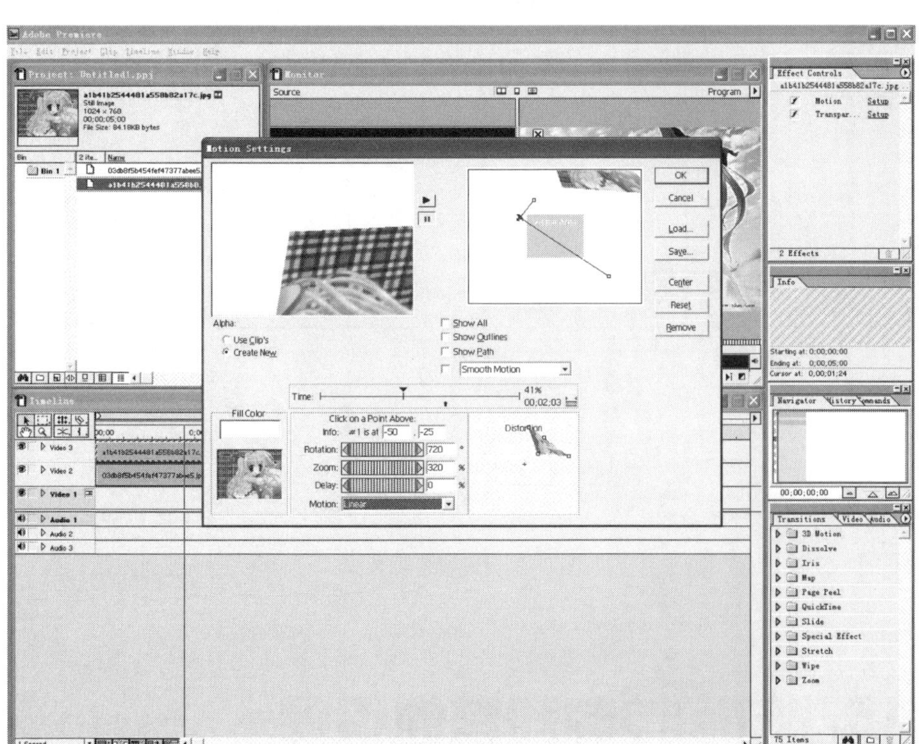


图 7-30　鼠标指针形状

（8）就可以拖动简图移动，当剪辑的一边碰到窗口边界时会变形，如图7-31所示。

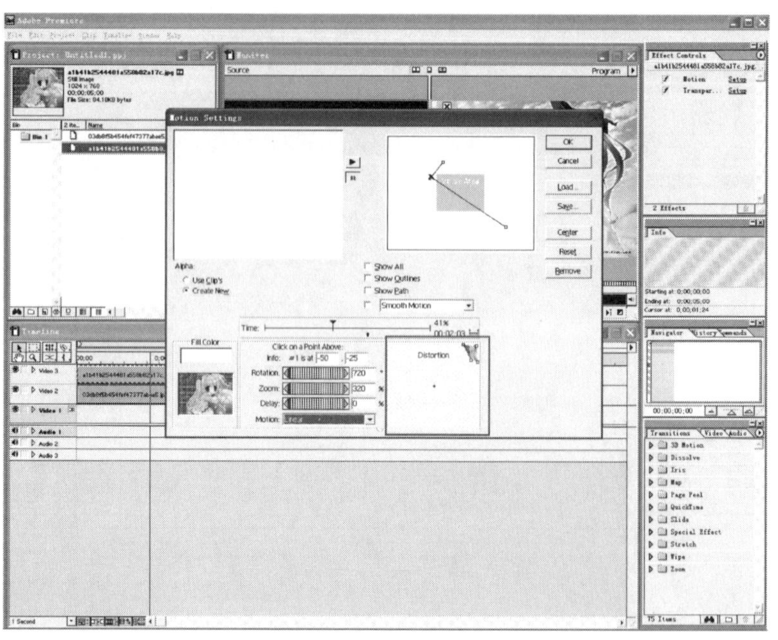

图 7-31　拖动简图移动

（9）四个控制点的位置可以互相调换或者重叠，形成图像的翻滚等各种效果，如图7-32所示，依照上述步骤设置每个控制点即可。

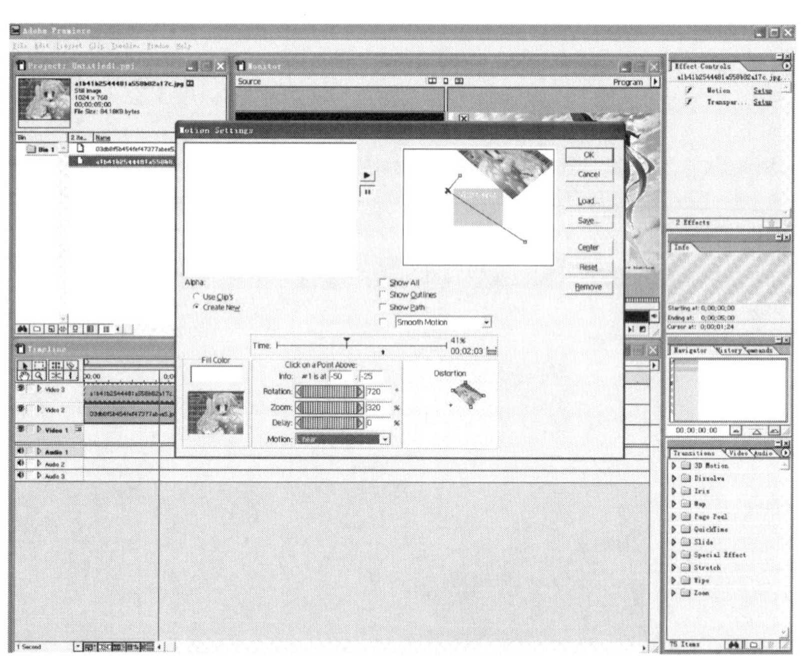

图 7-32　设置各种效果

## 7.5 运动时间控制和其他设置

还可以在Motion Settings对话框中对运动变形的时间进行精确的控制，其操作步骤如下：

（1）在Motion Settings对话框中，如图7-33所示，Time选项卡中右端有两个红色三角形标识，显示的时间是从整个Timeline开始处计算。

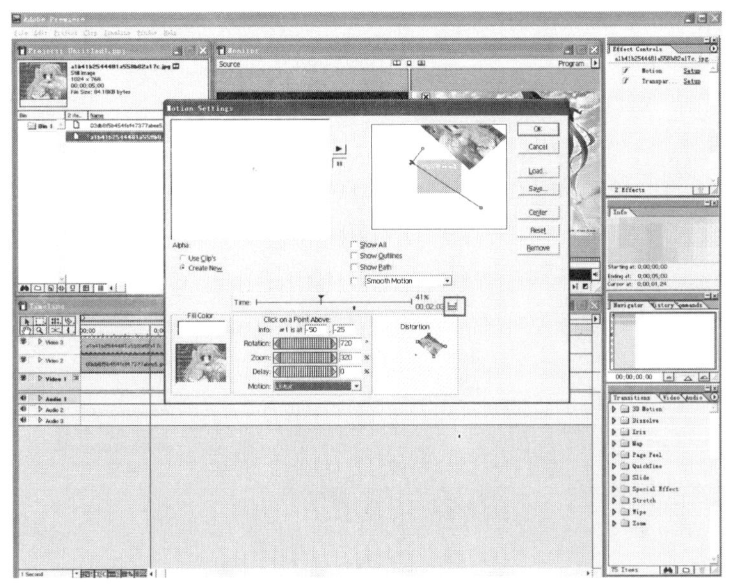

图 7-33　Motion Setting 对话框

（2）单击这个标识，使之变成如图7-34所示的那样，这时时间的显示是从这个剪辑的开端计算，这个标识对精确设定时间很有帮助。

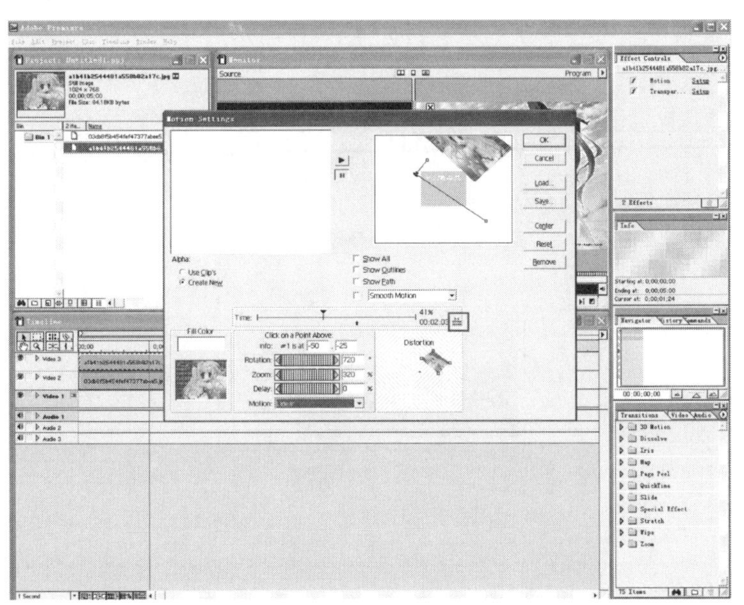

图 7-34　改变标识

## 7.6 加入亮色背景

在使用键控时，如果使用一个亮色背景可以更好地预览效果。加入亮色背景的操作步骤如下：

（1）单击File→New→Color Matte命令，如图7-35的示。

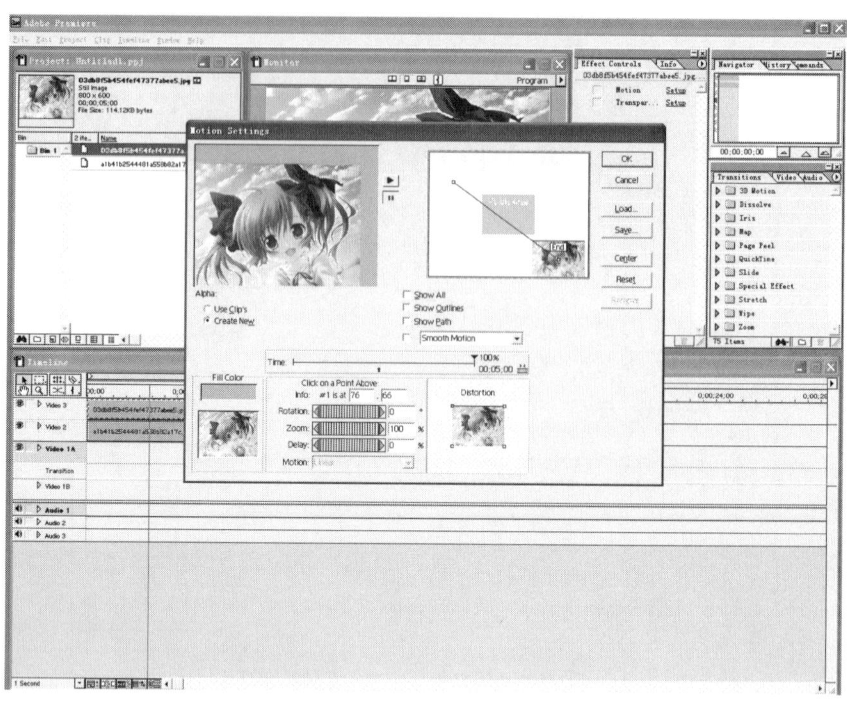


图 7-35　菜单操作

（2）若对所进行的运动设置不满意，可以单击Motion Settings对话框右边的Reset按钮，则翻转、缩放、停滞等设置恢复到系统默认的状态，如图7-36所示。

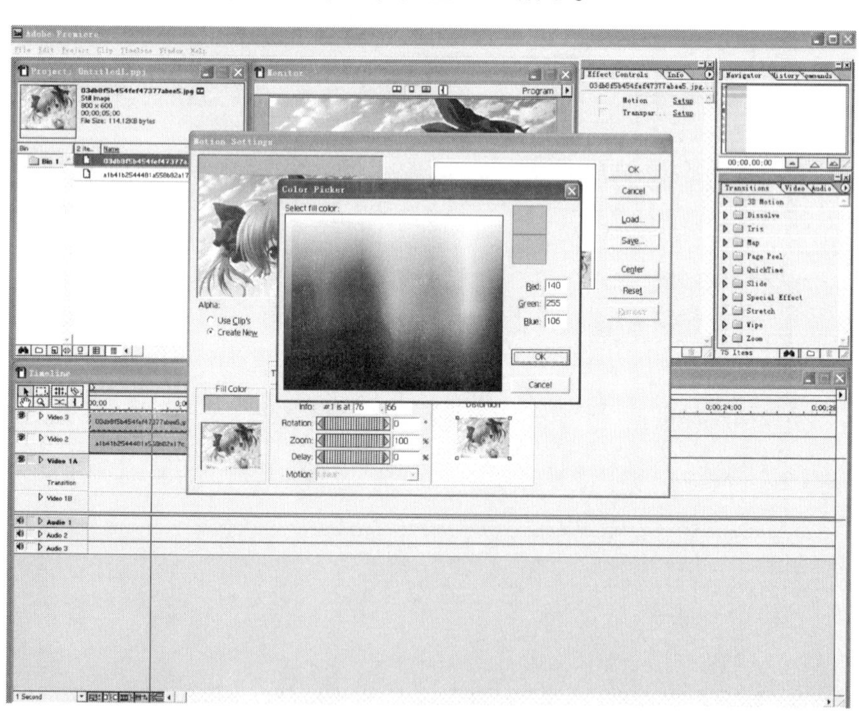


图 7-36　恢复默认状态

（3）在Motion Settings对话框左下角的Fill Color选项卡中，可以直接从剪辑中选择一种颜色作为背景色，如图7-37所示，选中的颜色显示在上方的矩形方框中。

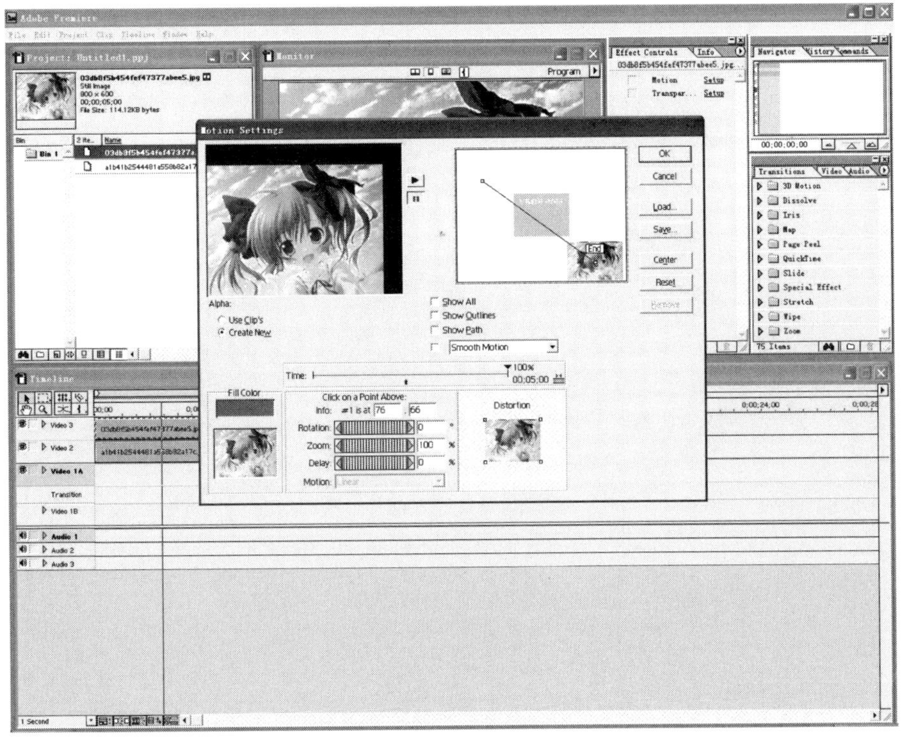

图 7-37　选择背景色

（4）也可直单击Fill Color选项卡中上面的矩形框，弹出Color Picker对话框，如图7-38所示，选择一种颜色作为背景色。

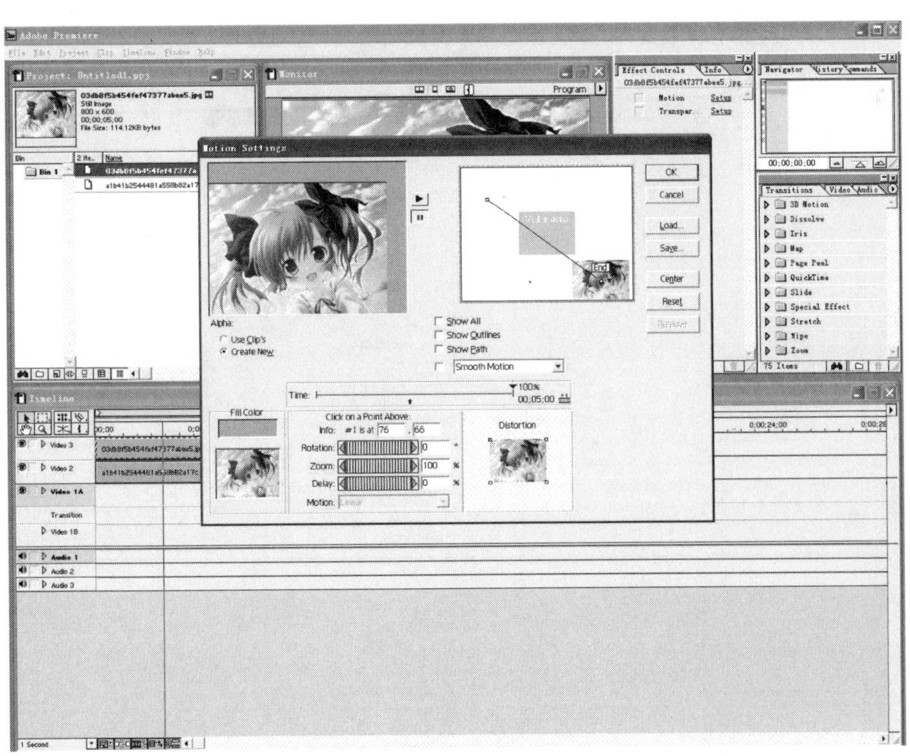

图 7-38　选择背景色的另一种方法

（5）再单击Reset按钮，在预览窗格中可以看到背景色，如图7-39所示。

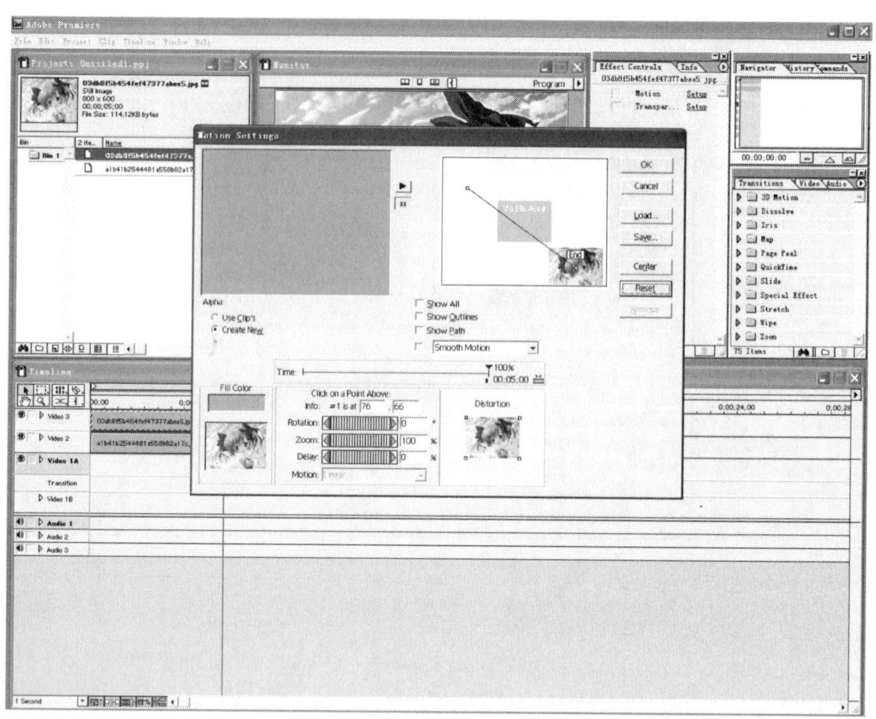

图 7-39　预览背景色

（6）在Motion Settings对话框的中间有几个复选框，选中Show All，运动预览窗格显示最终的运动效果，如果当前对象下方有其他对象，可以将其显示出来，如图7-40所示。

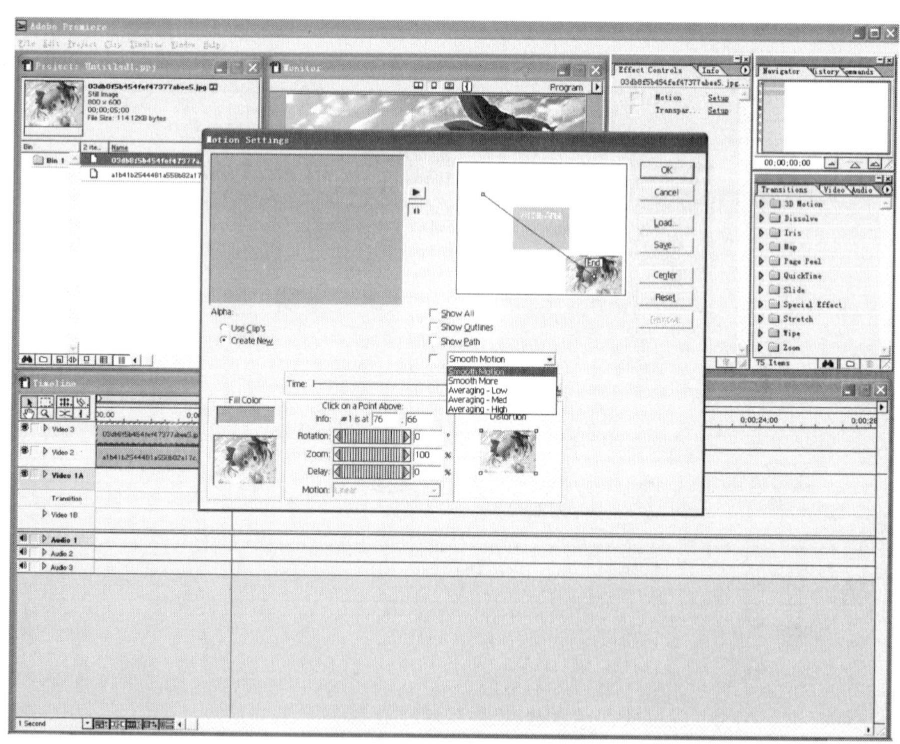

图 7-40　显示最终的运动效果

（7）选中Show Outline复选框，在路径窗格中将显示第一个关键帧的图像外框。选中Show Path复选框，在路径窗格中显示对象的运动路径。

## 7.7 技巧运用

（1）如需要图标在某一控制点上停留一些时间，可在Delay栏中输入一个数值，或单击Delay滑轨两侧的箭头以快速调整停留时间。

（2）有角度及大小变化的控制点会显示为红色，没有角度及大小变化的控制点为白色。

（3）要去掉一个控制点，可在轨迹窗口中单击此点，再按Delete键。

（4）在右下方的Distortion区，改变图标任一顶点的相对位置，可使动画产生变形效果。

（5）单击右方的Center按钮可将当前选定控制点处的画面中心与屏幕中心对齐；Reset按钮用于将素材画面中的旋转、缩放、变形等效果清除；Remove按钮用于取消运动。

## 本章小结

Premiere Pro 2.0虽然不是动画制作软件，但却有强大的运动生成功能，通过运动设定对话框能轻易地将图像（或视频）进行移动、旋转、缩放\变形等，可让静态的图像产生运动效果。

## 思考和练习题

1. 熟悉Premiere Pro 2.0中的动画制作功能。
2. 制作一段带有Premiere Pro 2.0动画效果的视频。

# 第8章

# Premiere Pro 2.0音频剪辑应用

## ※ 本章主要内容

- Premiere Pro 2.0音频模块和基本应用
- Premiere Pro 2.0 音频剪辑应用
- Premiere Pro 2.0 音频特效制作

## ※ 本章难点

- Premiere Pro 2.0音频模块和基本应用
- Premiere Pro 2.0 音频剪辑应用

## ※ 本章重点

- Premiere Pro 2.0 音频剪辑应用

## ※ 学习目标

- 掌握Premiere Pro 2.0音频模块和基本应用
- 掌握Premiere Pro 2.0 音频剪辑应用
- 掌握Premiere Pro 2.0 音频特效制作

“没有声音，再好的戏也出不来”，从这句广告语中就能够看到音频在影视作品中的重要性。Premiere不但能对视频剪辑进行各种加工，同时还可以对音频剪辑进行处理。

**关键词**

- 输出音频
- 编辑音频
- 混音器功能
- 音频特效

## 8.1 导入声音文件

启动Premiere Pro 2.0，单击File→Import命令，在弹出的对话框中找到要导入的声音文件即可将声音文件导入到素材窗口中，如图8-1所示。

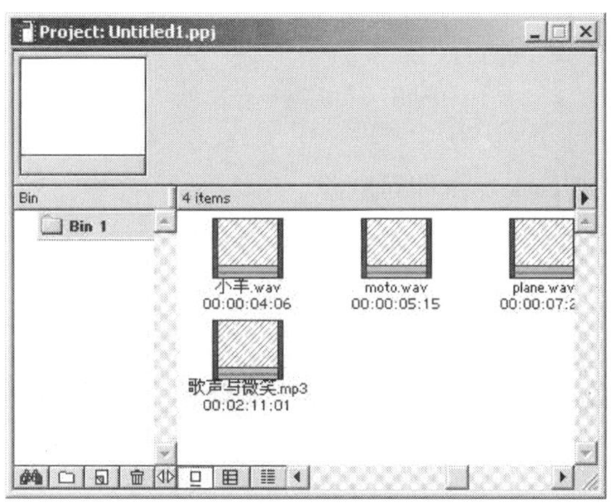


图 8-1　导入声音文件

然后，拖动素材窗口中的图标到下面的音频轨中就可以进行编辑加工了。Premiere Pro 2.0支持的声音文件格式有aif、wav、mp3等常见的音乐格式。

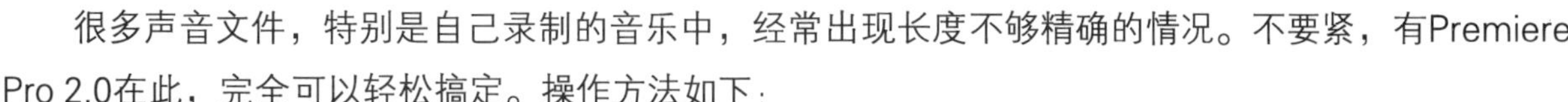

## 8.2 精确剪辑声音文件的长度

很多声音文件，特别是自己录制的音乐中，经常出现长度不够精确的情况。不要紧，有Premiere Pro 2.0在此，完全可以轻松搞定。操作方法如下：

（1）将素材窗口中的声音文件拖放到TimeLine窗口中的Audio1轨上。

（2）单击Audio1左边的小三角，这时可以看到声音的波形了，在TimeLine窗口左下角的查看比例列表中选择不同的查看比例，可以看到声音文件的每一个细节，如图8-2所示。

（3）选择TimeLine窗口中的切割工具（Razor tools），可以将一整段的声音文件切成多段，如图8-3所示。

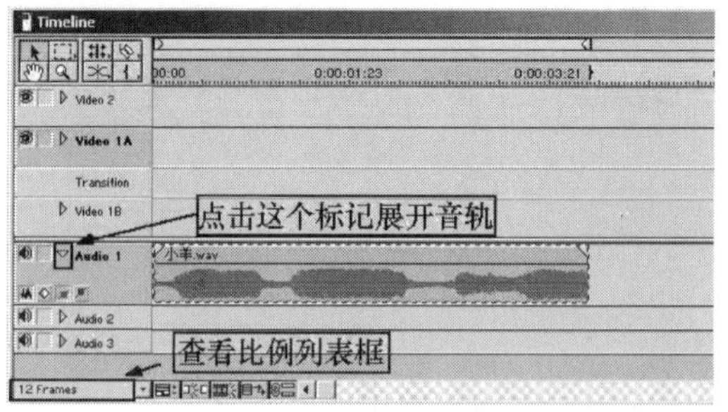


图 8-2　设置查看比例

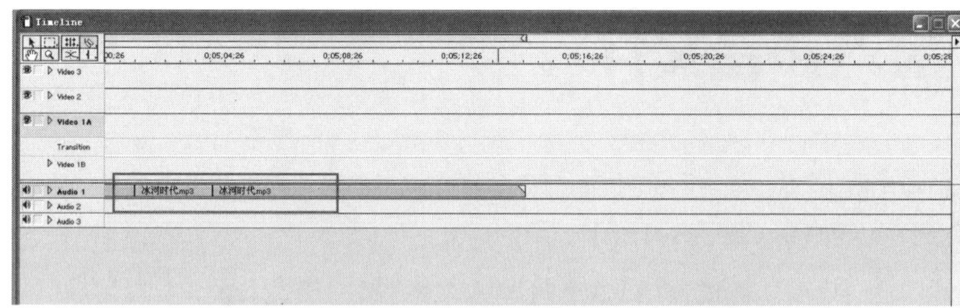

图 8-3　切割声音文件

然后选择不想要的一段，按Delete键即可删除。

（4）最后不要忘记将后面的声音片段拖到前面，否则中间就会出现一段一段的静音了。

操作过程中选择不同的查看比例，可以简化很多操作，避免反复拖动滚动条。

# 8.3 混合声音文件

有时，我们在课件中需要同时播放几种声音，这在课件开发平台中实现起来是较困难的，但在Premiere Pro 2.0中，实现起来却易如反掌。操作方法如下：

（1）导入所需的声音文件一起添加到素材库。

（2）将每个声音文件拖到不同的声音轨道中，如图8-4所示。

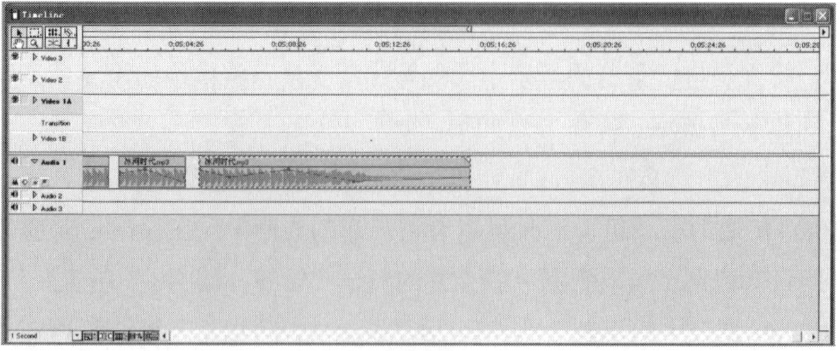

图 8-4　将声音文件拖入不同的音轨

（3）排列好位置，调节好音量即可。

专业指导

（1）如果某个声音文件要反复利用多次，可在轨道中进行复制、粘贴操作。

（2）如默认的3个音轨不够用，可以增加音乐轨道，具体操作方法是：单击TimeLine→Add audio track命令，即可增加一个音乐轨道（最多可以再增加92个音乐轨道，功能够强大吧！。

## 8.4 制作特殊声音效果

Premiere Pro 2.0提供了数十种音频特效滤镜插件（共分成了7组），几乎包括了各种常用的声音特效（如去除杂音、添加回声、倒放、和声、波浪、声道交换等）。而且还可以到网上下载第三方制作的声音滤镜，以扩充其功能。关于滤镜的使用方法，操作步骤一般如下：

（1）选择Window→Show Audio Effect命令，即可看到音频滤镜对话框（默认情况下，系统启动后就可以看到该对话框）。

（2）单击滤镜名称组前的小三角，可以展开各组滤镜，如图8-5所示。

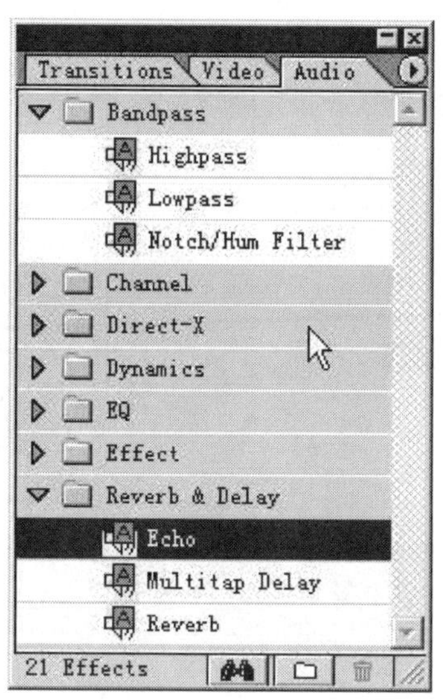


图 8-5　展开各组滤镜

（3）将滤镜名称拖放到音轨中要添加滤镜效果的声音片段文件图标上。

（4）很多滤镜在此会弹出对话框，进行参数设置（因为不同的滤镜，设置参数窗口不同，所以此步骤略）。

## 8.5 调节音频的音量

（1）导入一个音频剪辑到项目中，并拖入到Timeline窗口的Audio1音频轨道，如图8-6所示。

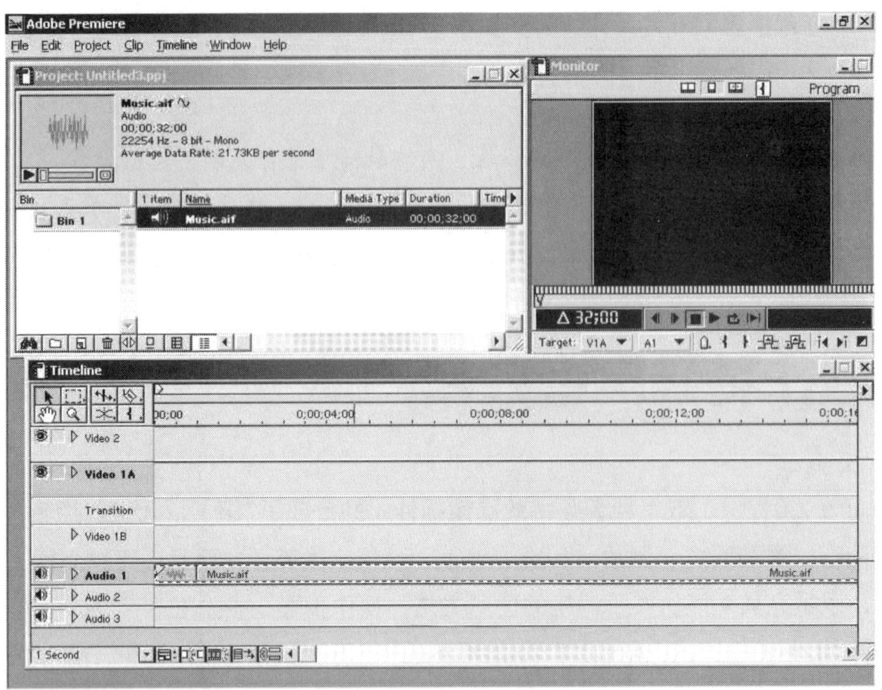


图 8-6　导入音频剪辑

（2）在音频剪辑上右击，弹出快捷菜单，如图8–7所示，选择Audio Gain命令。

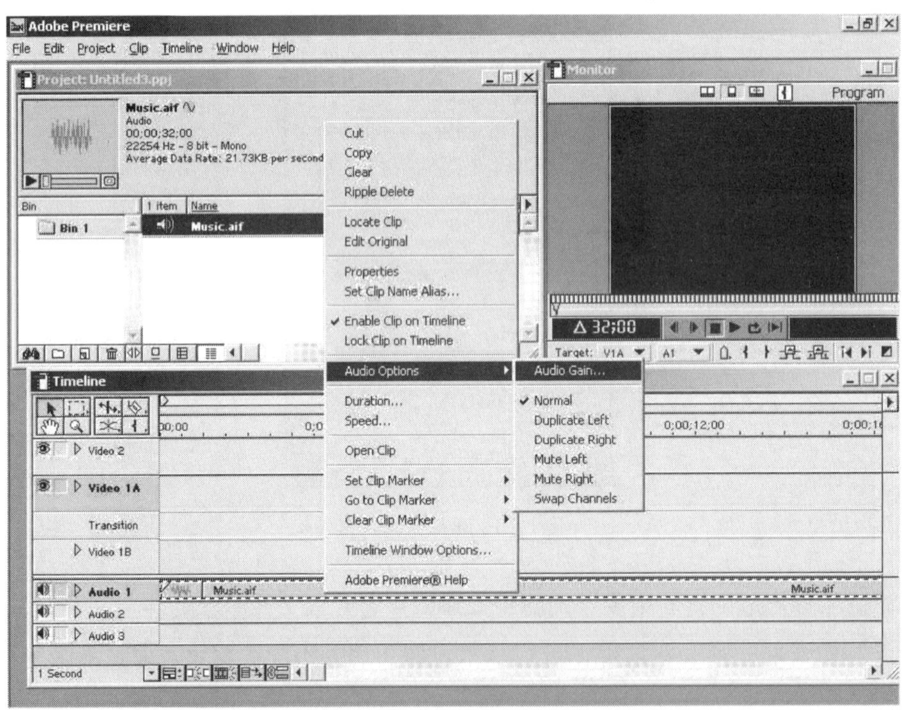


图 8-7　右键快捷菜单

（3）弹出Audio Gain对话框，用来调节音量，在数字框中键入1～200之间合适的数值。也可以单击Smart Gain按钮，可由系统来自动调节音量。

（4）调节完后单击OK按钮，在Timeline窗口中双击音频剪辑即在Clip窗口中打开音频剪辑，如图8–8所示，用Clip窗口的控制器播放音频剪辑来试听声音效果。

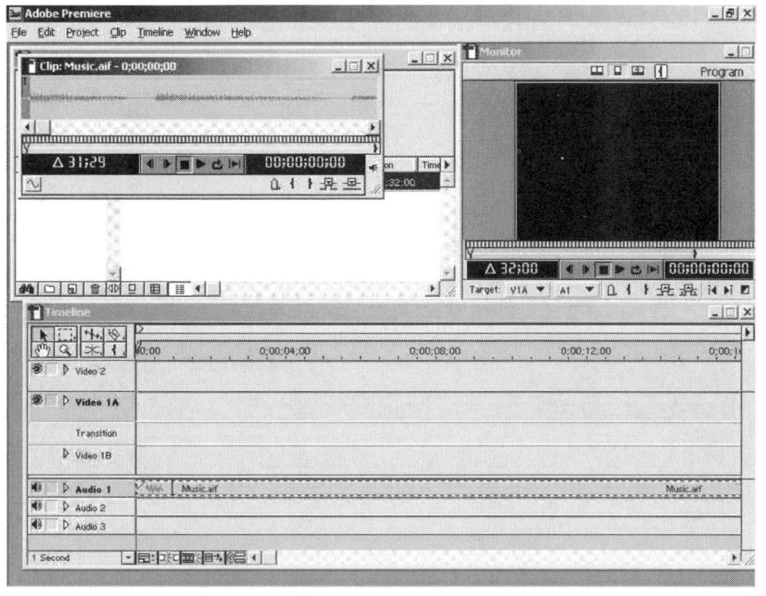

图 8-8　在Clip窗口中打开音频剪辑

## 8.6 声音的淡入和淡出

在多媒体课件中，如果背景音乐突然出现或是突然结束，都会给人一种不舒服的感觉。所以我们在很多场合需要将声音处理成淡入淡出效果，Premiere Pro 2.0可以随意控制声音的起伏，操作如下：

（1）在Timeline窗口中，单击Audio1音频轨道左侧的三角形按钮，使音频轨道展开，如图8-9所示。

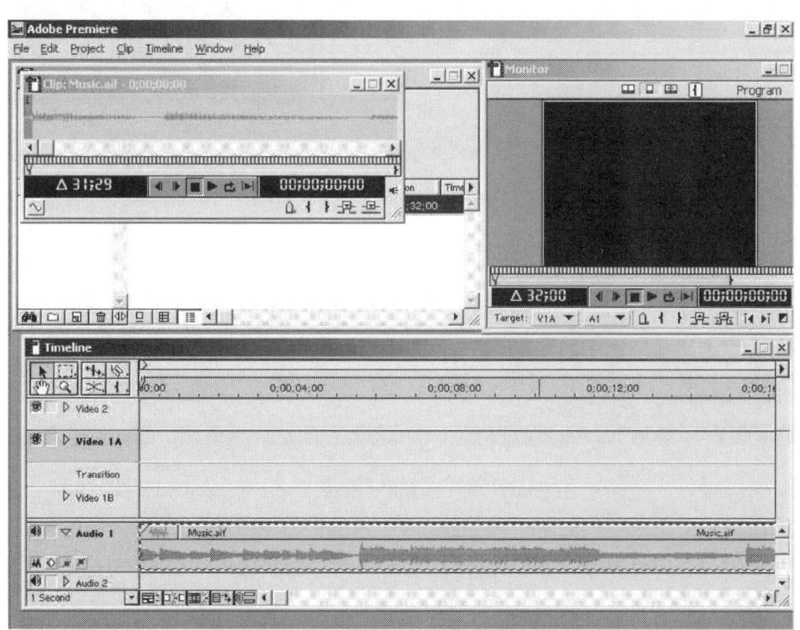

图 8-9　展开音频轨道

（2）将鼠标指针移动到音频调整区，鼠标指针变成如图8–10所示的形状。

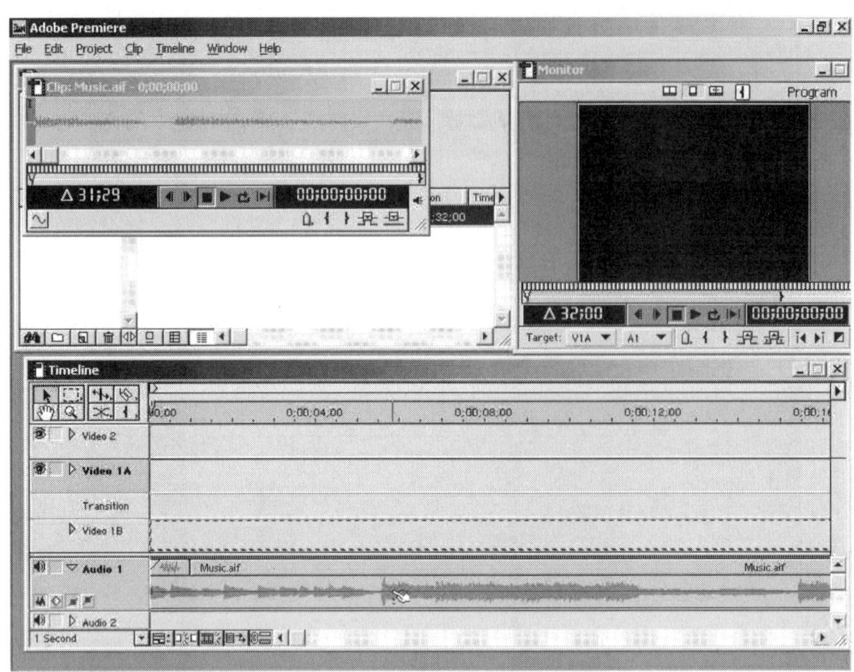


图 8–10　移动鼠标指针到音频调整区

（3）在音频轨道上单击，将在红色的线上增加一个红色控制点，如图8–11所示，上下拖动控制点可以调整音量大小。

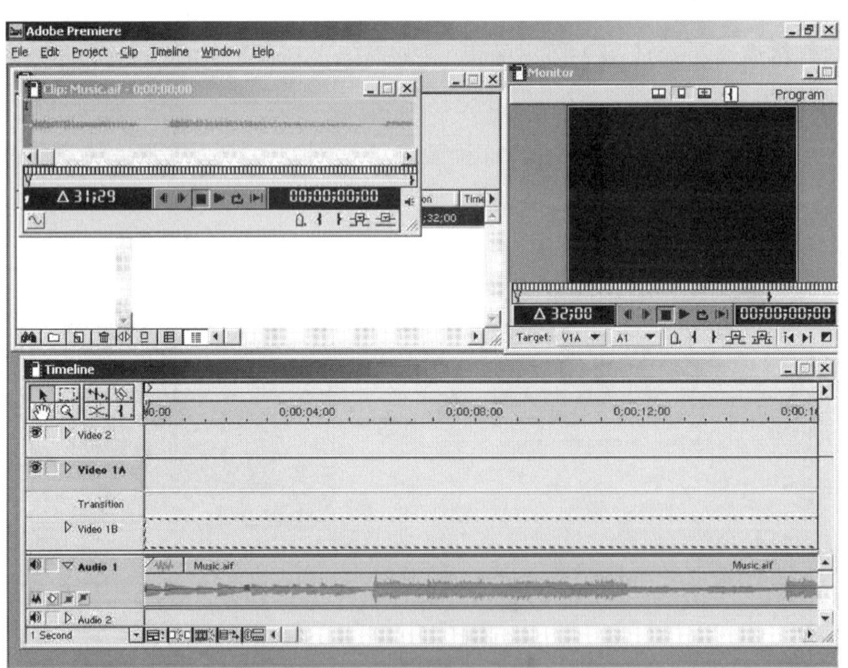


图 8–11　增加红色控制点

（4）可以增加多个音量控制点来调整音频剪辑声音的变化，向上拖动控制点使音量变大，向下拖动使音量变小。如图8–12所示，可以将声音调至最大 – 最小 – 较大 – 正常。

（5）如果在调整的时候打开了Info面板，可以在Info面板中看到音量调整信息，如图8–13所示。

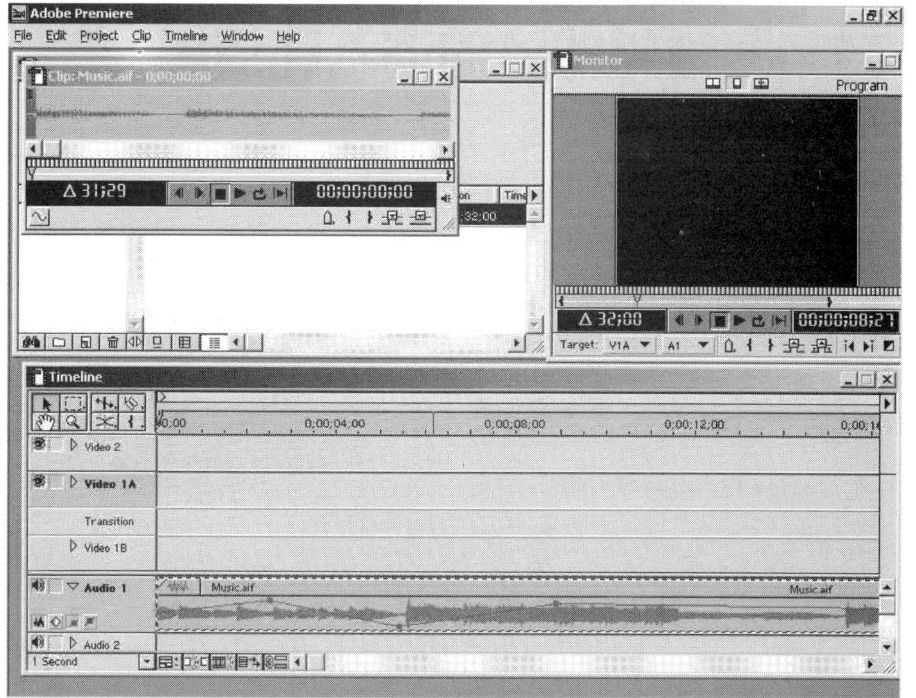

图 8-12 调整音量

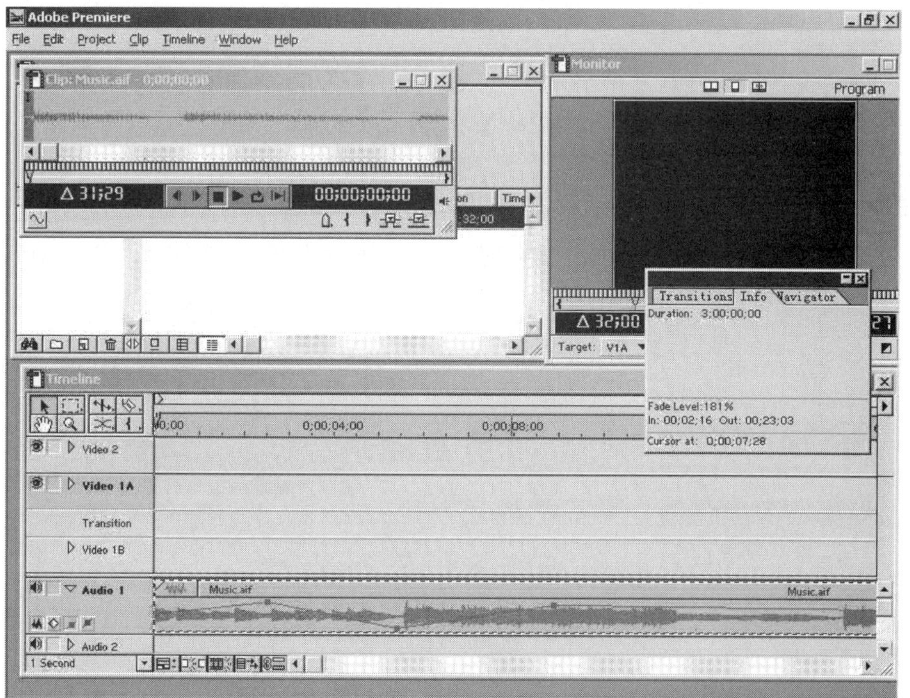

图 8-13 Info 面板中的音量调整信息

**专业指导**

也可按百分比调整音量，在控制点上按下鼠标左键后再按住Shift键不放，鼠标旁边会出现百分数，音量一般以每次一个百分点变化。

# 8.7 音频剪辑相邻处的淡入和淡出

（1）使两个音频轨道展开以便于编辑，如图8-14所示。

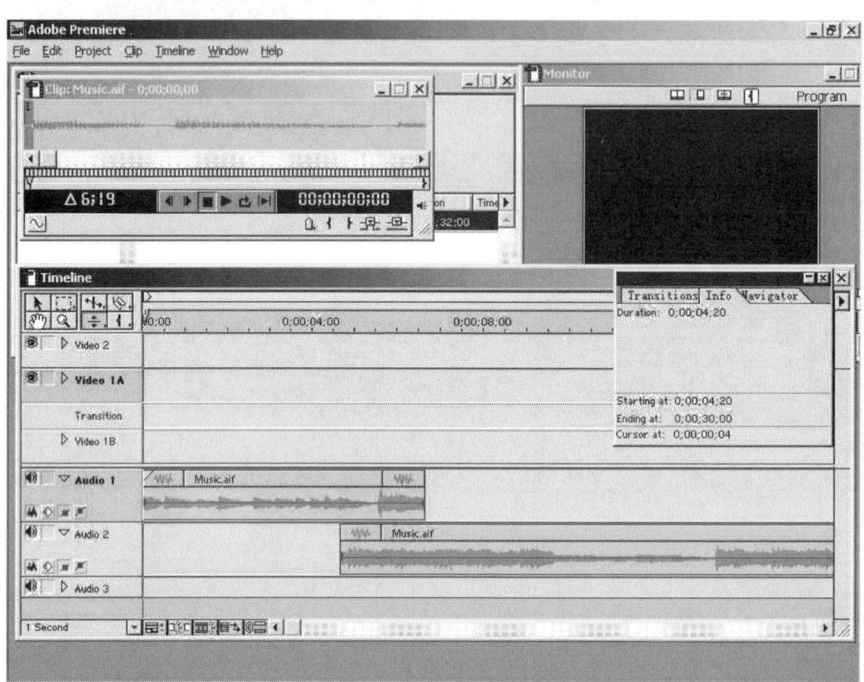

图 8-14　展开两个音频轨道

（2）在Timeline窗口的工具板中选择Cross fade工具，如图8-15所示。

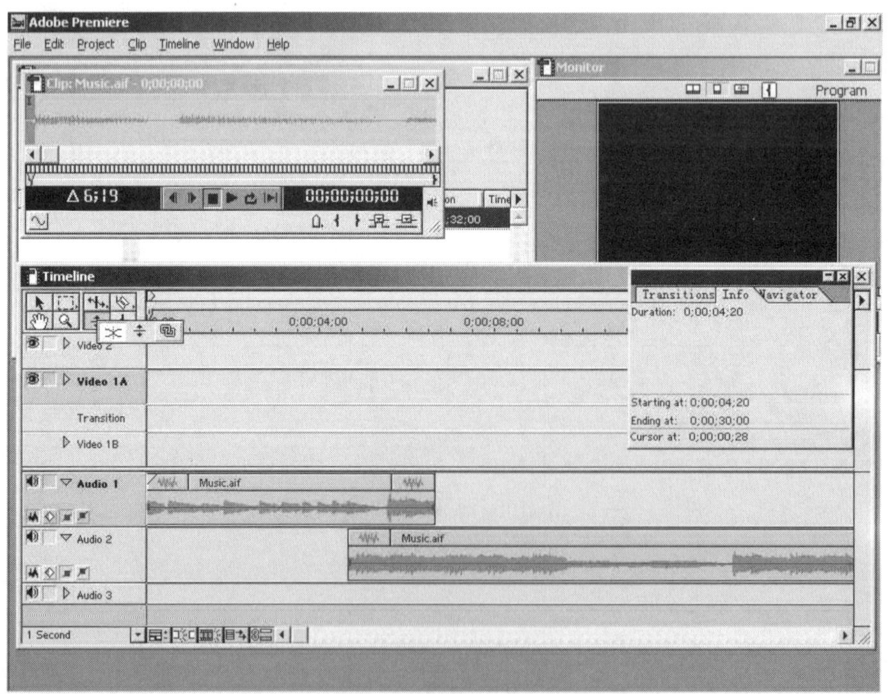

图 8-15　选择 Cross fade 工具

（3）调整好两个剪辑的重叠部分，在Timeline窗口中用Cross fade工具单击需要淡出的音频剪辑，如图8-16所示。

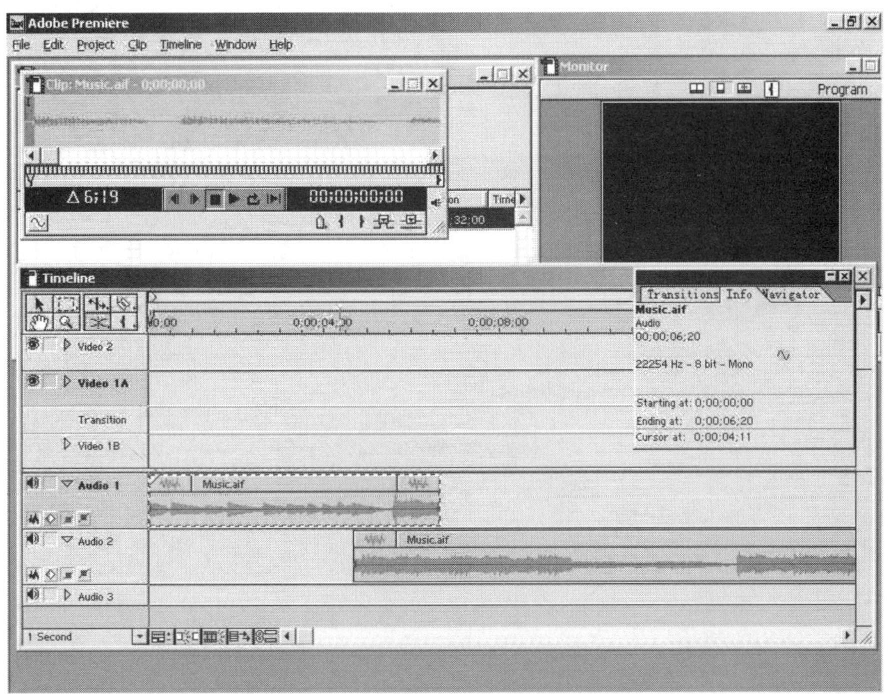


图 8-16 单击需要淡出的音频剪辑

（4）将鼠标指针移到另一个音频轨道上，可以看到鼠标指针变成了如图8-17所示的形状。

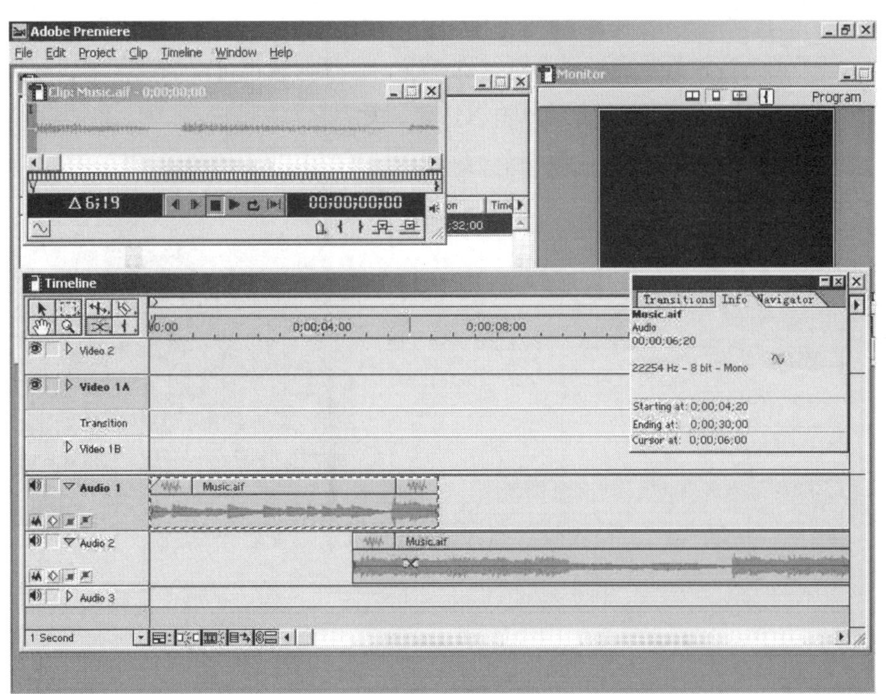


图 8-17 鼠标指针形状变化

（5）此时单击，就完成了交叉淡入淡出，如图8-18所示，系统会自动调整两个音频剪辑的淡入淡出设置。

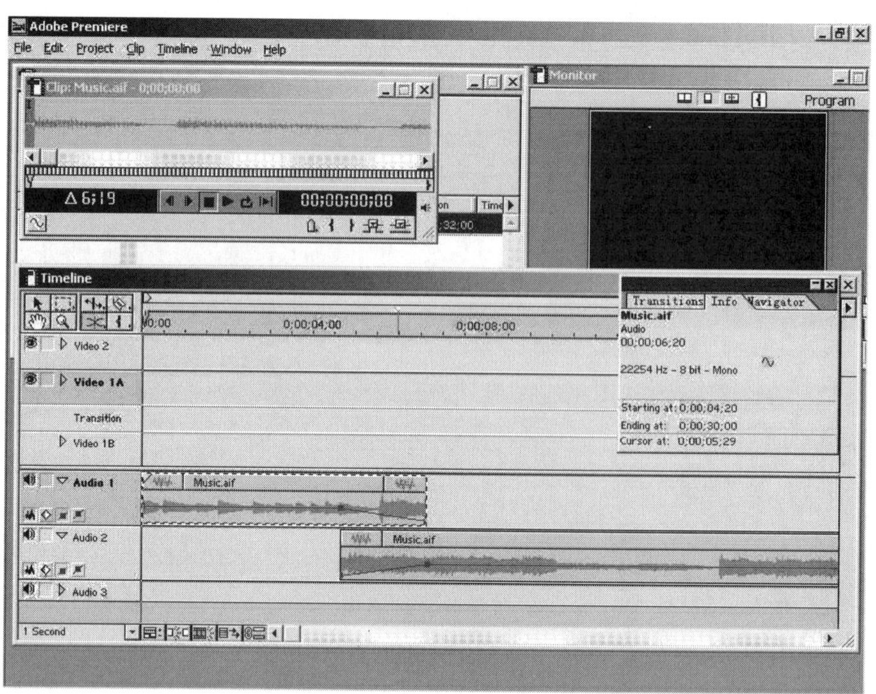

图 8-18 交叉淡入淡出效果

## 8.8 应用到音频效果

Premiere Pro 2.0也为音频剪辑提供了一些特殊滤镜，音频剪辑也可以像视频剪辑一样应用滤镜。

（1）在Timeline窗口中的目标剪辑上单击以选定，如图8-19所示。

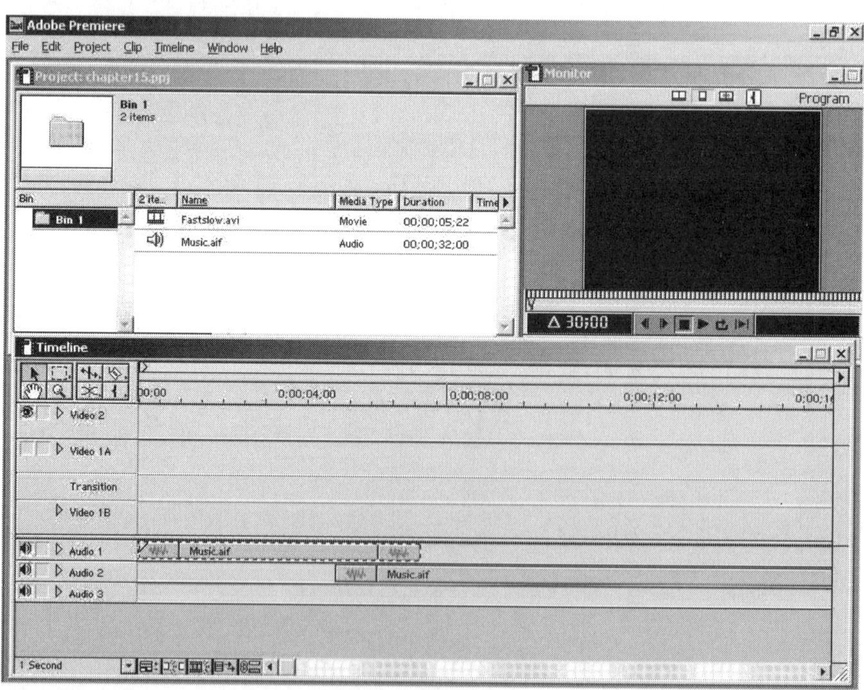

图 8-19 选定目标剪辑

（2）单击Window→Show Audio Effects命令，如图8-20所示。

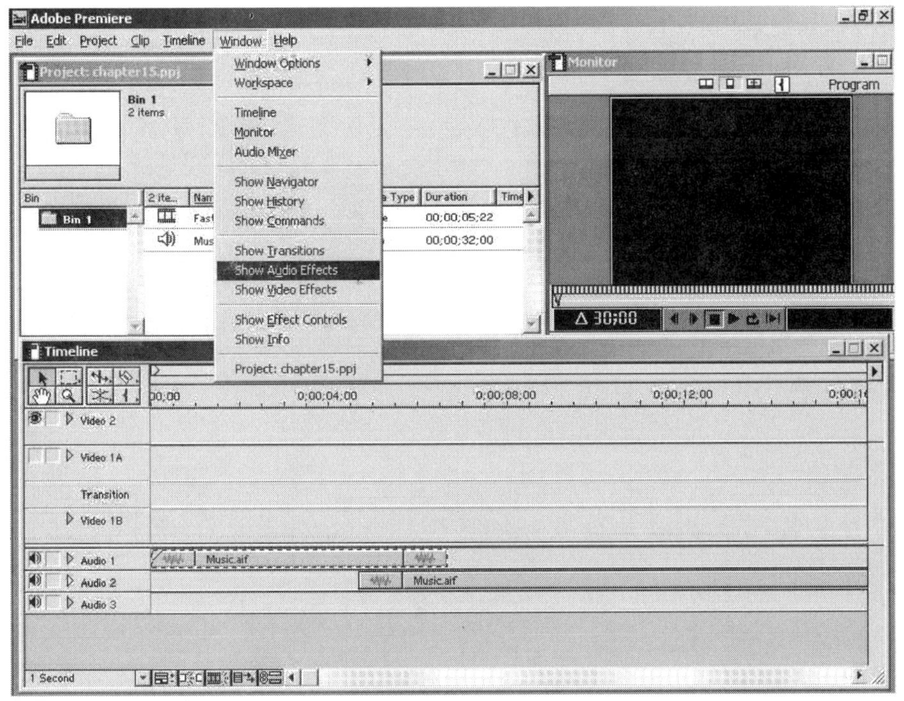

图 8-20　菜单操作

（3）此时弹出Audio Effects对话框，如图8-21所示，其中列出了系统提供的各种音频滤镜，共有21种。

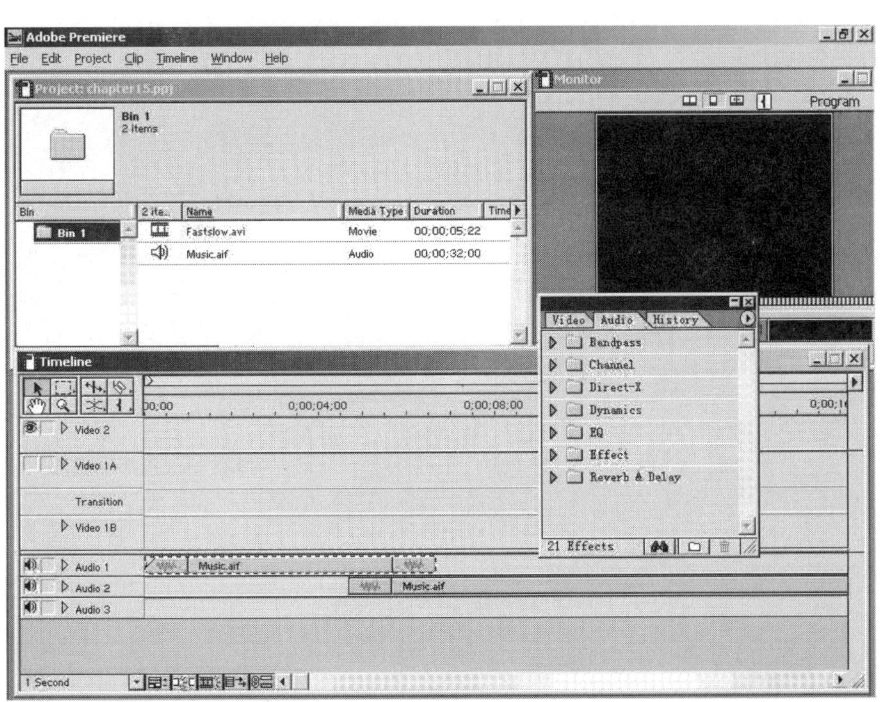

图 8-21　Audio Effects 对话框

（4）单击Audio Effects对话框中Reverb & Delay文件夹左边的三角形按钮，如图8-22所示，展开该文件夹，可以看到其中的滤镜列表。

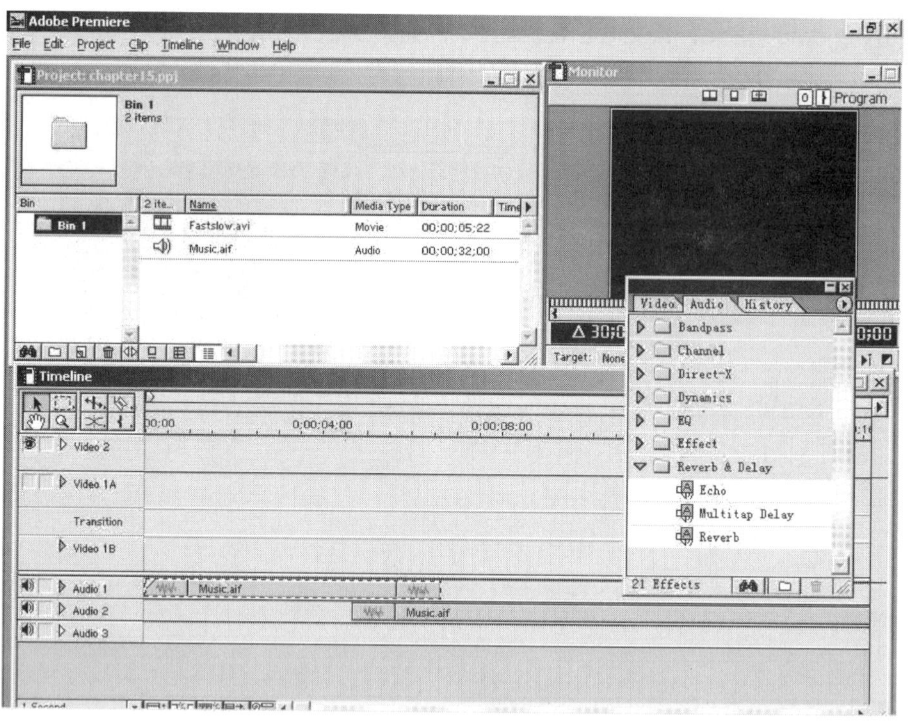


图 8-22　展开文件夹

（5）单击Echo滤镜的图标并按住鼠标不放，将其拖到Timeline窗口中被选中的剪辑上，如图8-23所示，当鼠标带着滤镜移到剪辑上时，剪辑变成了绛紫色。

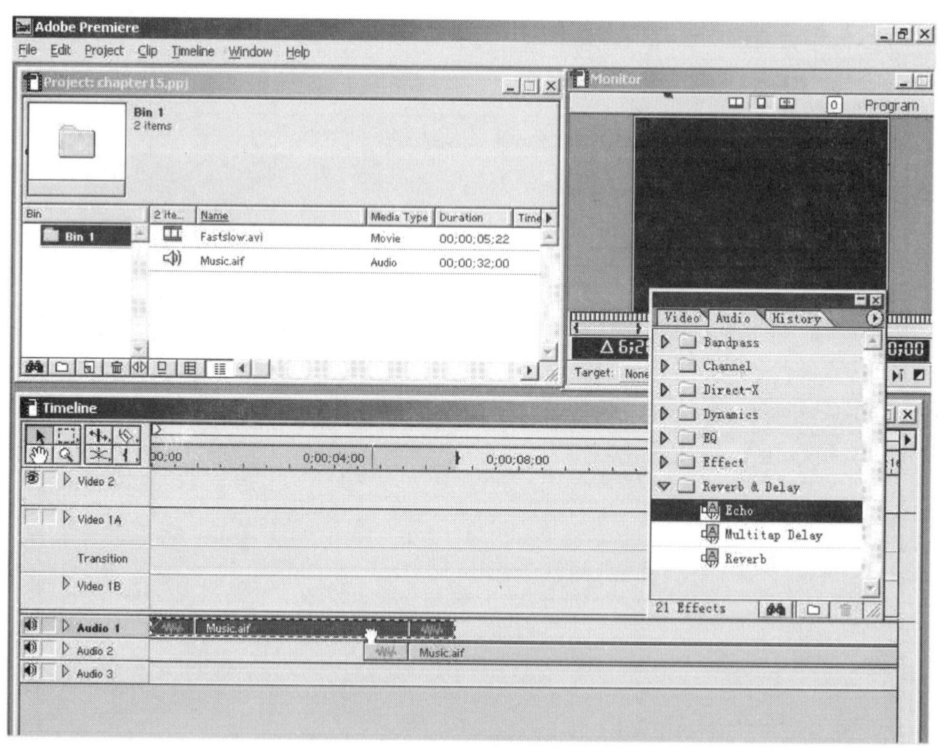


图 8-23　拖动 Echo 滤镜到选中的剪辑上

（6）此时松开鼠标，这个音频滤镜就应用到了剪辑上，如图8-24所示，同时弹出Effect Control面板，面板左下角显示的1 Effect表示应用了一个滤镜，而且该音频剪辑的上端有一条绿色粗线。

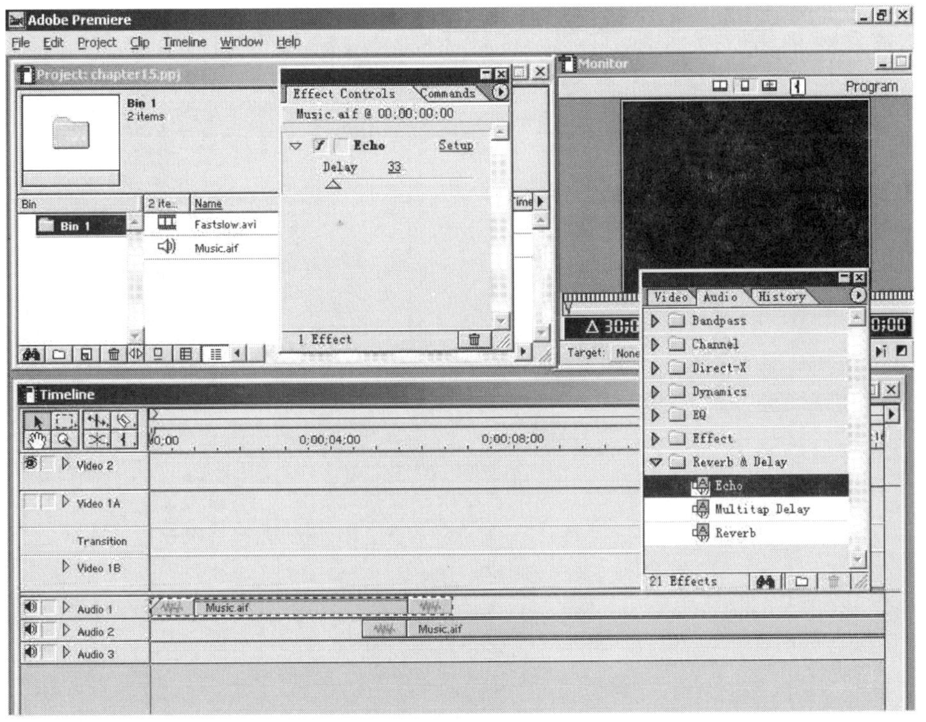


图 8-24　应用滤镜后的剪辑

（7）同样的方法将Bandpass文件夹下的Highpass效果应用到同一个音频剪辑上，如图8-25所示，这时Effect Control面板左下角显示的2 Effect表示应用了两个滤镜。

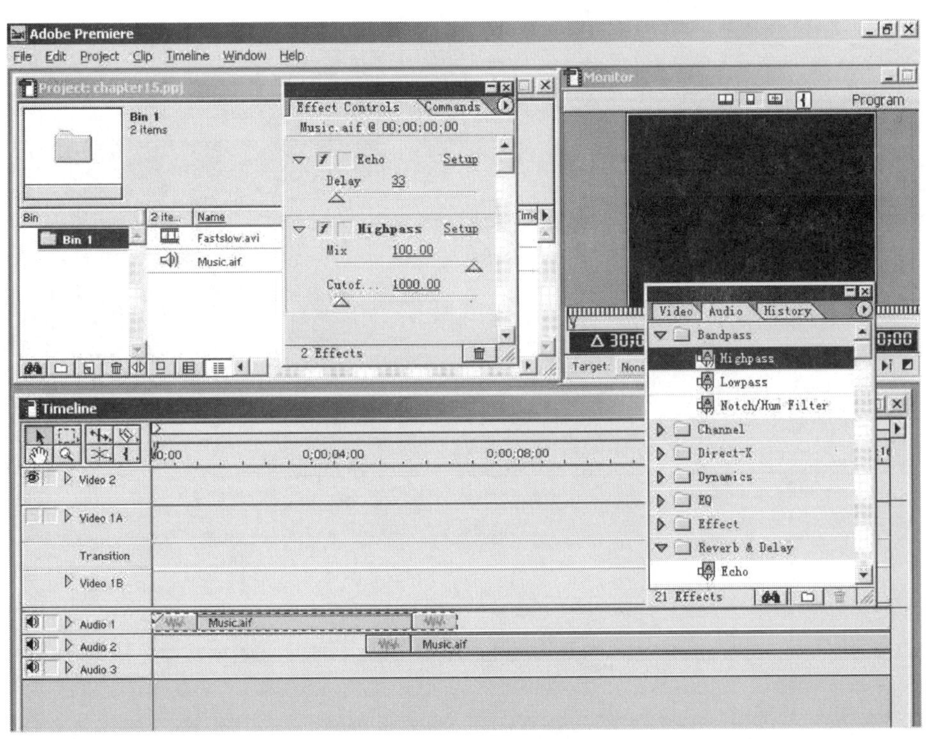


图 8-25　应用了两个滤镜

（8）在Effect Control面板中每个滤镜名称下面都有一个简略的参数设置，单击Echo滤镜左边的三角形按钮，使其方向向右，则此参数设置被隐藏，如图8-26所示。

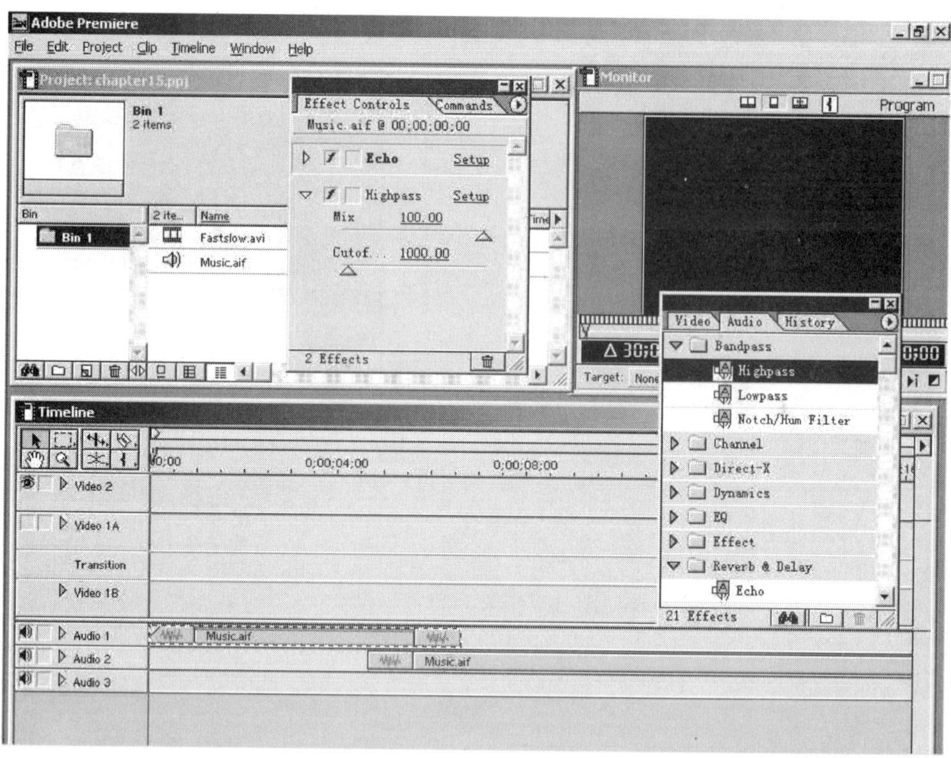


图 8-26　隐藏参数设置

（9）单击Echo滤镜右端的Setup选项，则弹出Echo Settings对话框，如图8-27所示，列出了详细的参数设置项，可以设定一些关键参数。

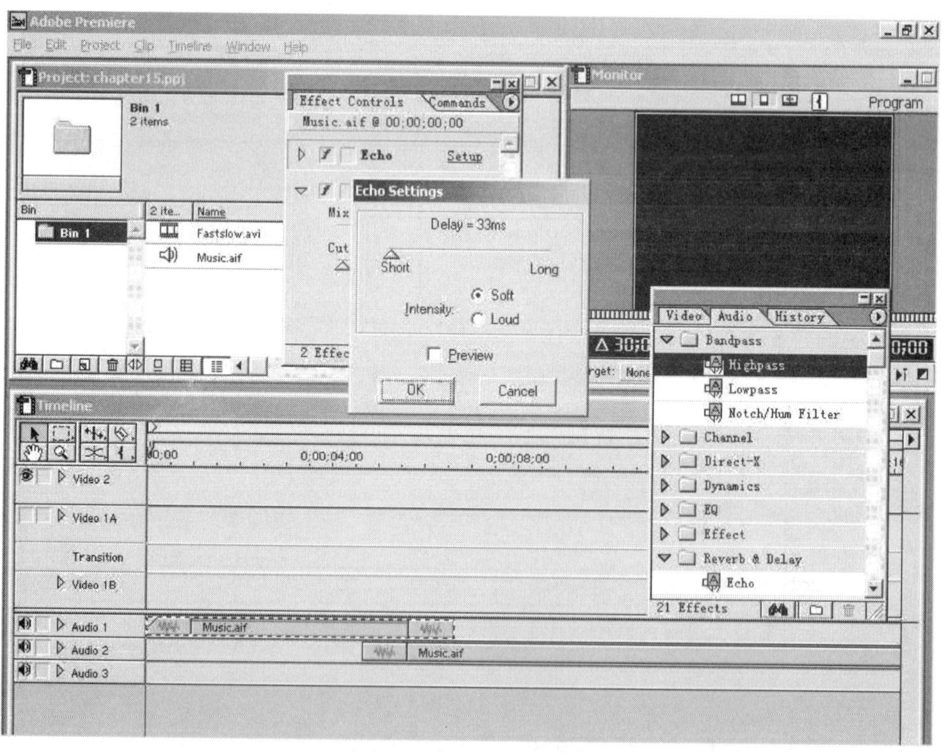


图 8-27　Echo Settings 对话框

（10）如果选中Preview选项，如图8-28所示，则所做的每一次改动都会有声音播放显示效果。

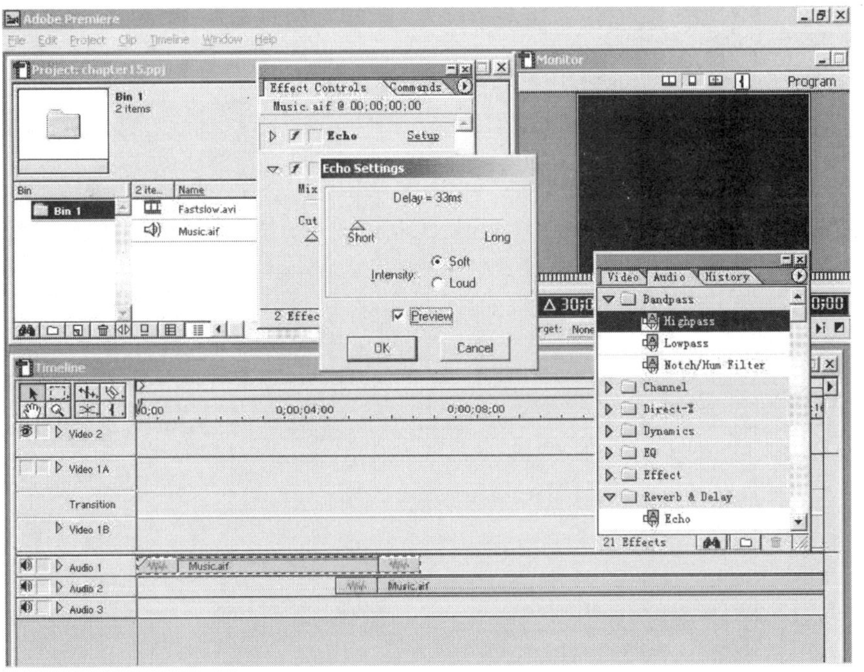

图 8-28 选中 Preview 选项

不同的滤镜，弹出的相应参数设置窗口中的参数项也不一样，有的多，有的少。

（11）单击Video 1轨道左边的三角形按钮，展开轨道。如图8-29所示，红线显示的是设置的淡入淡出效果。

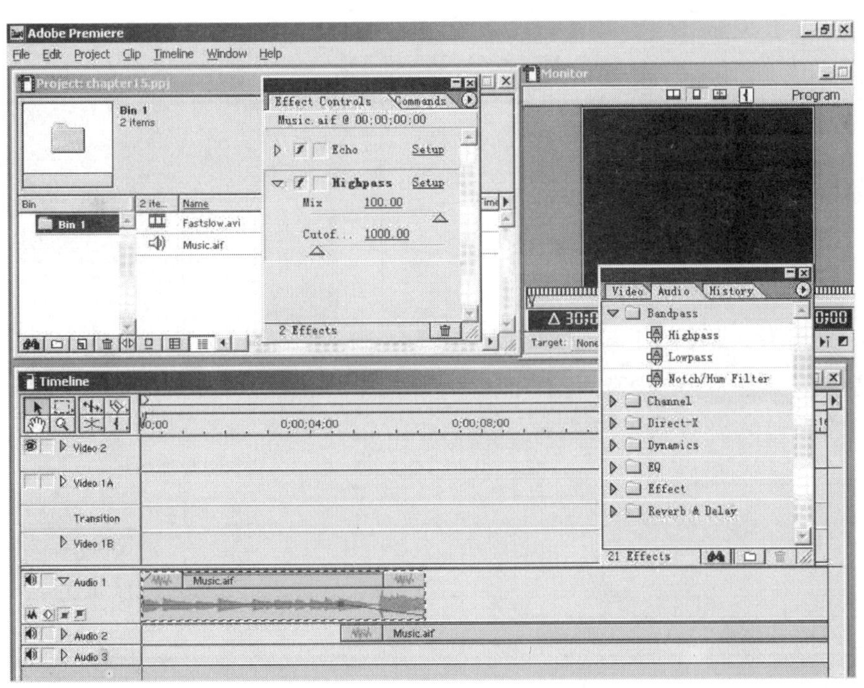

图 8-29 设置的淡入淡出效果

（12）单击轨道名称下面的Display Keyframes按钮，此时显示的是应用的滤镜的信息，如图8-30所示，展开的音频剪辑中间的一条淡蓝色线是滤镜控制线，上面是镜镜的名称，两端两个白色矩形表示开始和结束处的两个关键帧。

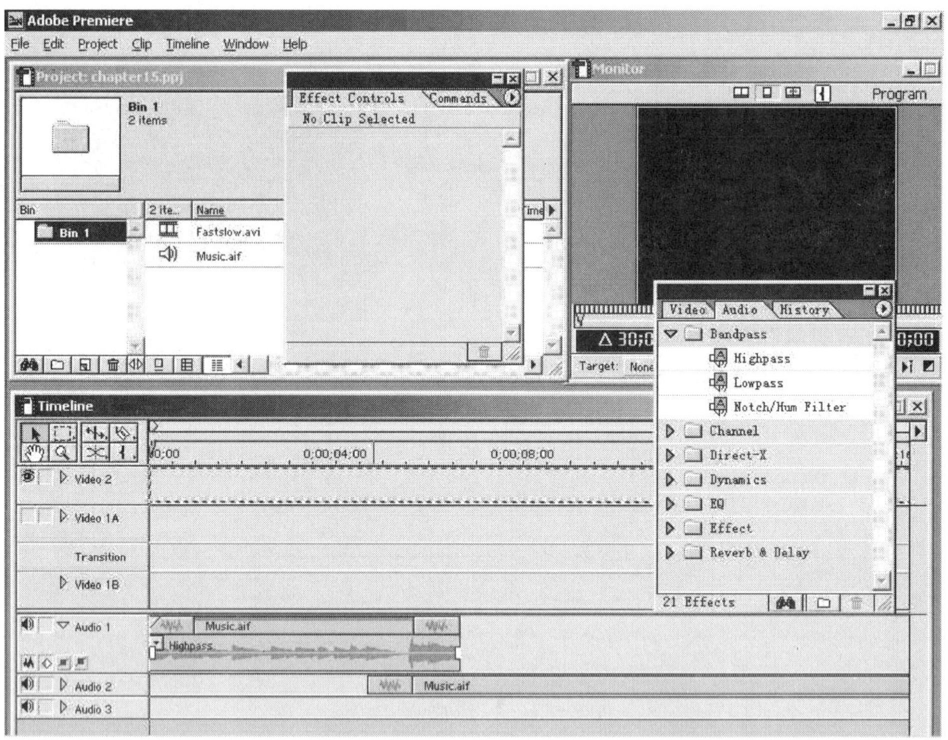


图 8-30 应用的滤镜的信息

（13）选中该音频剪辑，剪辑轨道左边出现两个黑色三角形和一个白色方框，如图8-31所示。

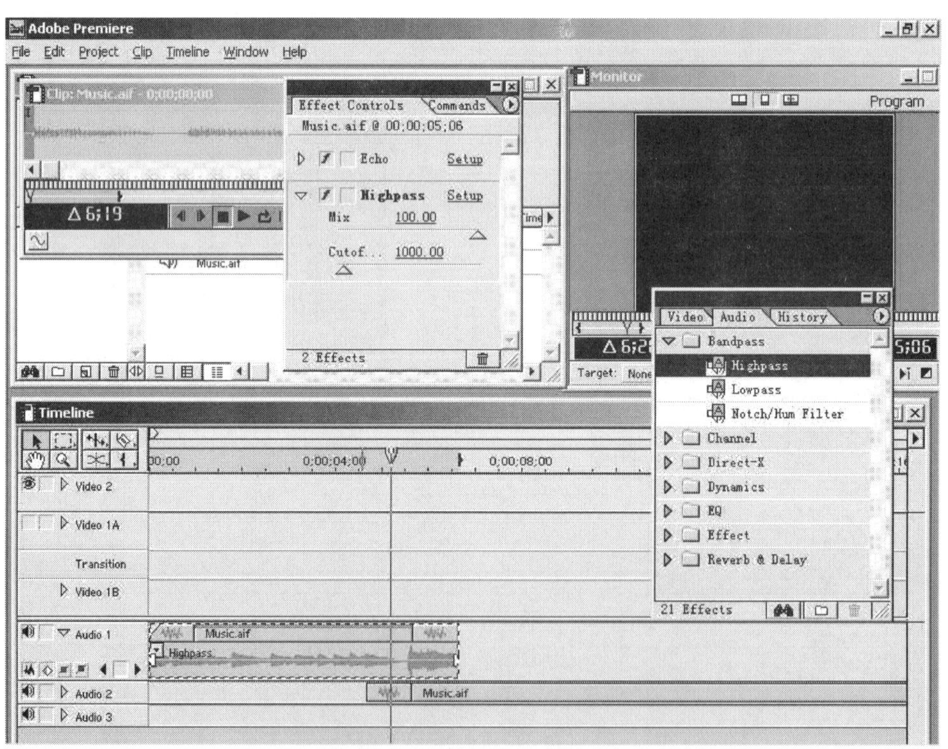


图 8-31 选中该音频剪辑

（14）如果将编辑线移到开始或结束处的关键帧位置并单击白色方框，则框中就出现了对钩，如图8-32所示，表示此处是关键帧，并可编辑此帧的参数。

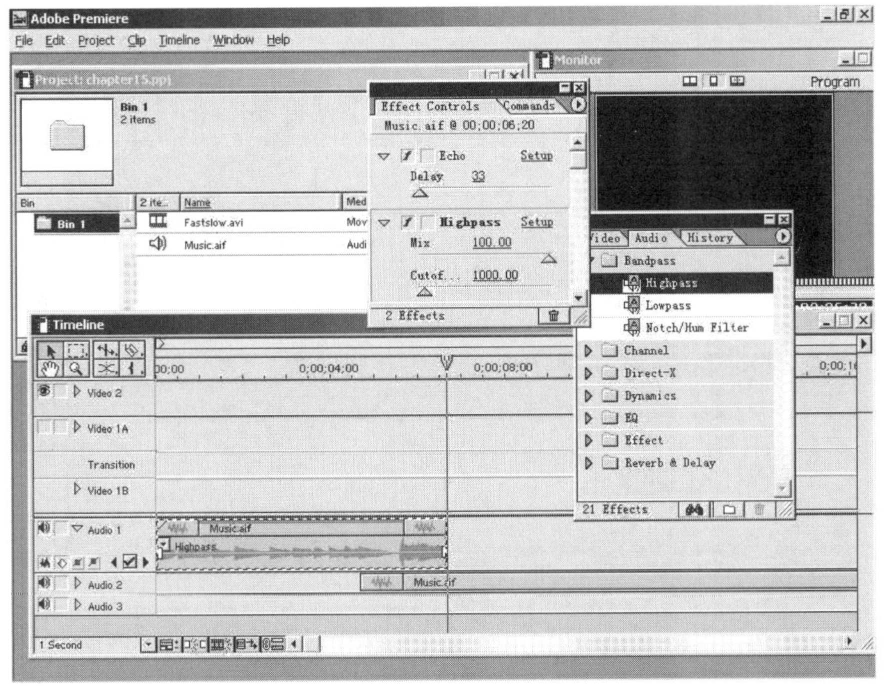


图 8-32　移动编辑线到关键帧位置

（15）可以给剪辑增加新的关键帧。将编辑线拖到要设置关键帧的时间点，单击轨道名称下边两个黑色三角形之间的方框，使其中出现对钩，在编辑线所在处就新建了关键帧，如图8-33所示。

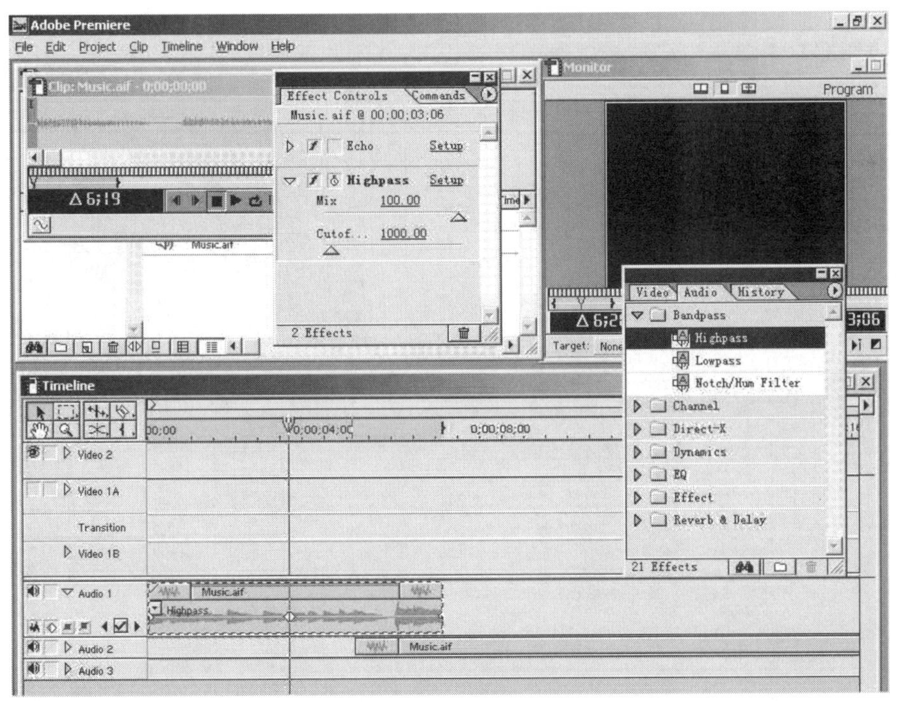


图 8-33　新建关键帧

（16）若在一个音频剪辑上应用了两个或多个滤镜，在滤镜控制线上有一个三角形弹出按钮，单击此按钮，即可看到加入该剪辑的所有滤镜名称列表，如图8-34所示，可以选择同的滤镜名称设置其参数。

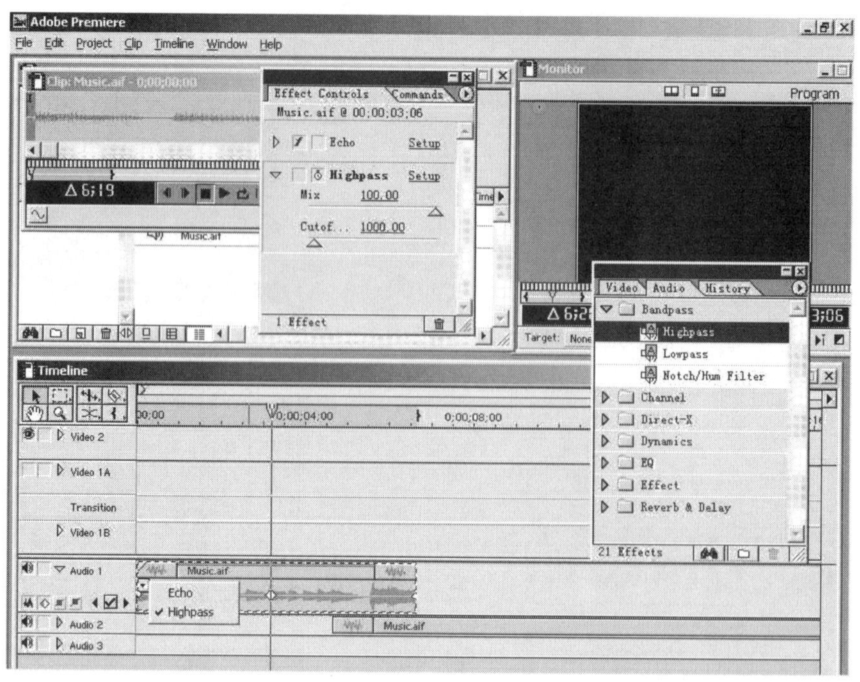


图 8-34　剪辑的所有滤镜名称列表

（17）如图8-35所示，在Effect Control 面板中，滤镜名称左侧有一个f按钮，显示f表示此滤镜被应用到音频上，如Highpass滤镜；若单击此按钮使f消失，表示此滤镜没有应用到剪辑上，如Echo滤镜。

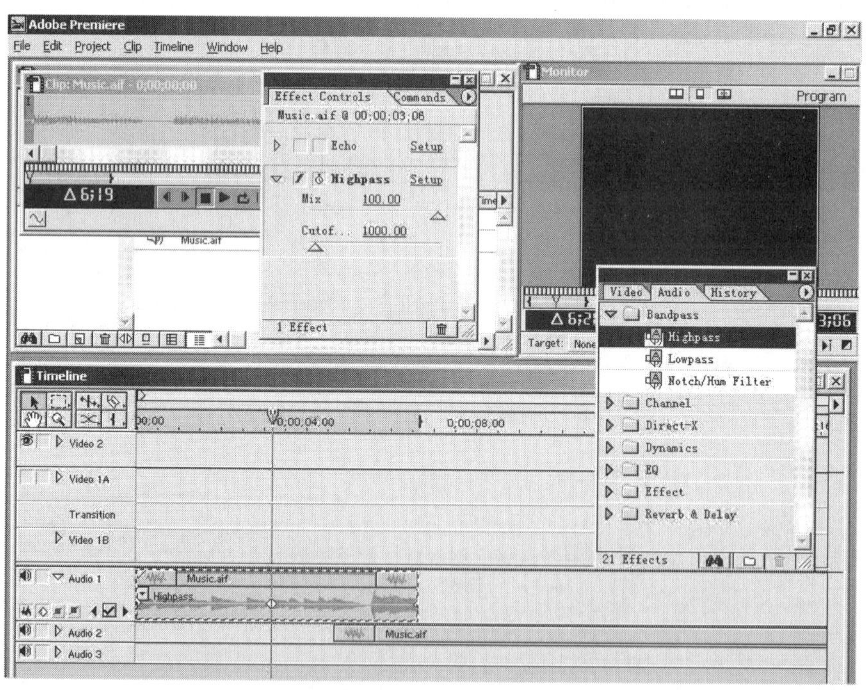


图 8-35　f 按钮表示的意思

（18）要想删除滤镜，可在Effect Control 面板中先选中滤镜名称，然后单击Effect Control 面板右上角的三角弹出按钮，出现弹出菜单，如图8-36所示，在弹出菜单中选择Remove Selected Effect命令。

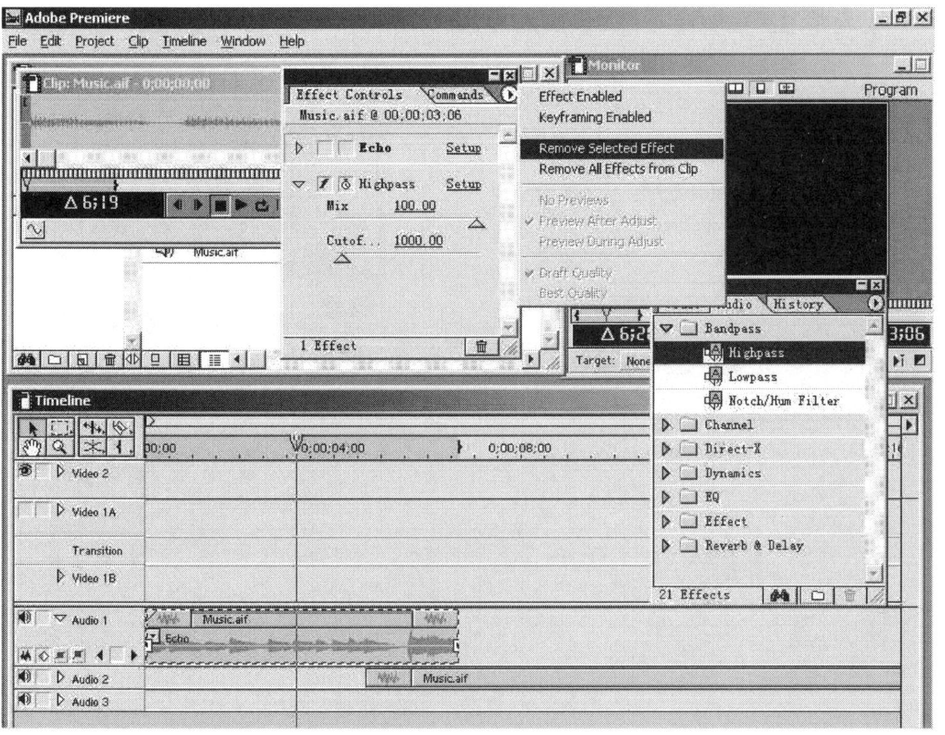

图 8-36 删除滤镜

要删除所有的滤镜，可以选择Remove All Effects from Clip命令。

（19）弹出确认框，提示用户是否确定删除，如图8-37所示。

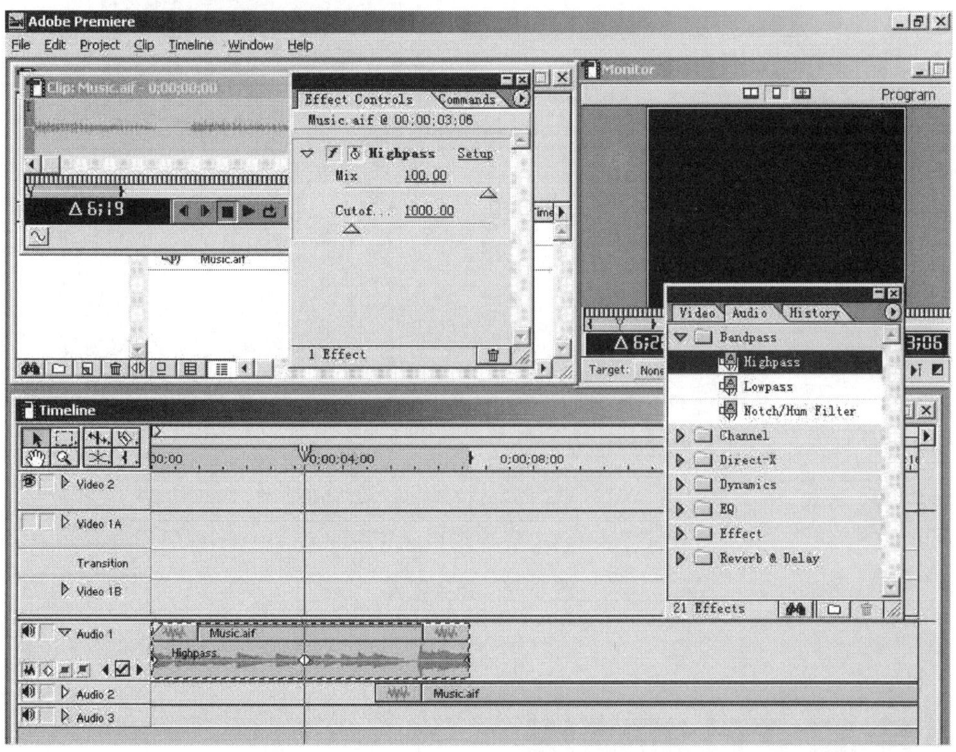

图 8-37 确认删除提示框

（20）单击Yes按钮，可看到在Effect Control 面板中Echo滤镜已被删除，如图8-38所示。

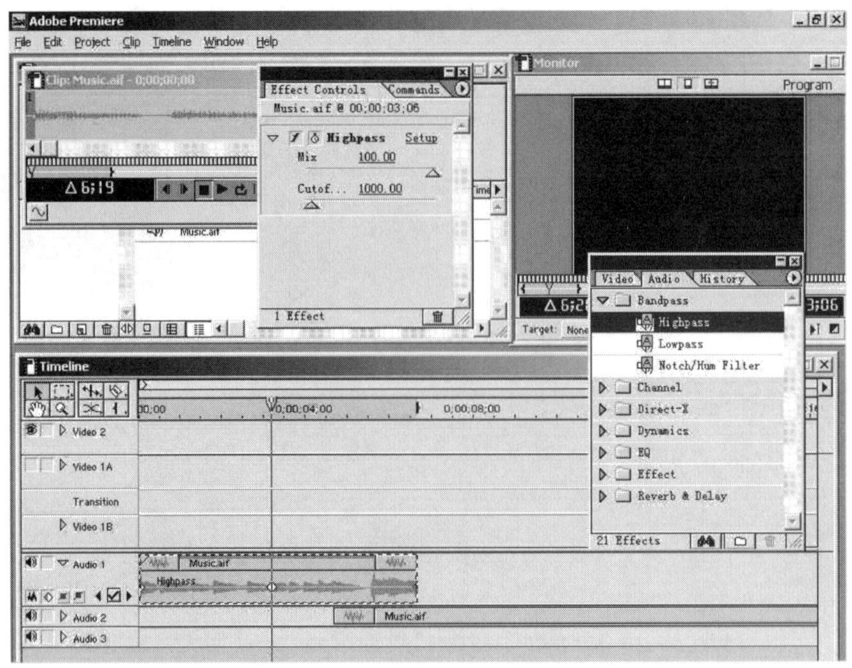


图 8-38　删除了 Echo 滤镜

（21）应用滤镜后，可以按Enter键产生预览文件来试听产生的效果，如图8-39所示。

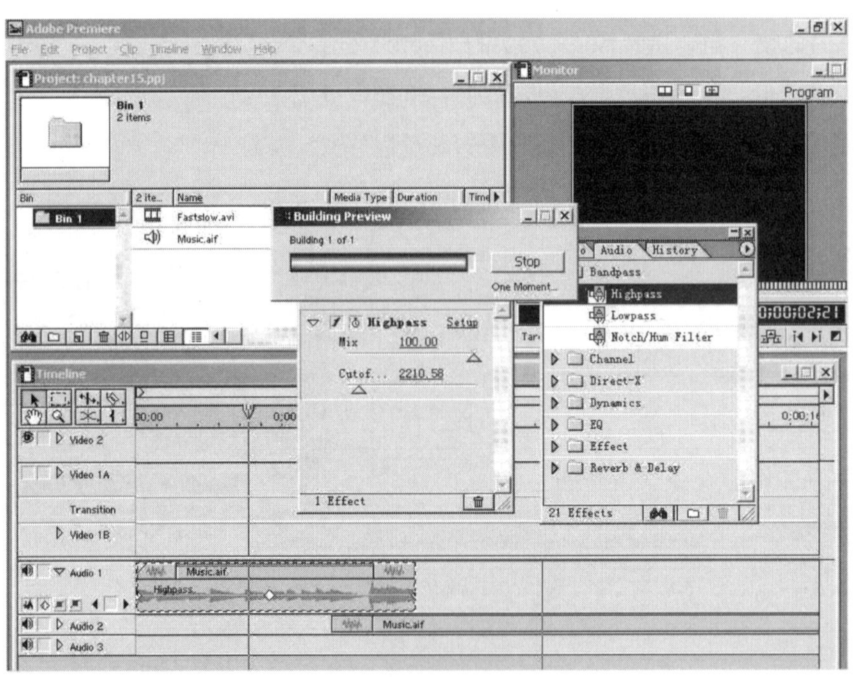


图 8-39　试听效果

## 8.9 声音文件的输出

这一步对于经常搞多媒体制作的朋友来说应该比较熟悉了。在输出声音文件前，需要对一些参数进行设置。简要操作如下：

（1）单击File→Export TimeLine →Audio命令，在弹出的对话框中单击Setting按钮，进行参数设置。

（2）设置音频参数如图8-40所示。单击“确定”按钮。

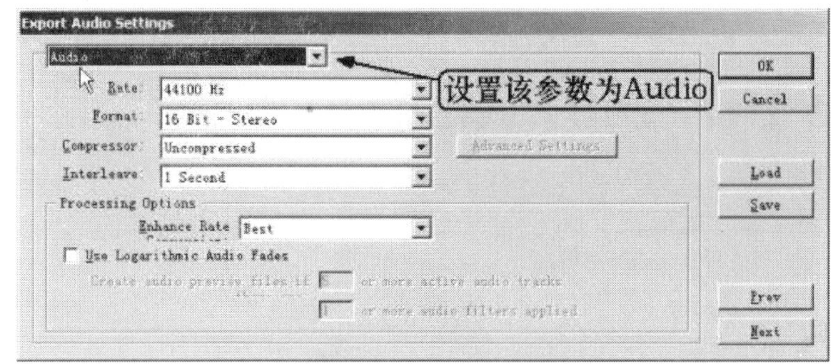


图8-40 设置音频参数

（3）输入文件名，开始生成声音文件。生成后，Premiere可以播放该声音文件，如不满意还可继续编辑。

## 本章小结

本章介绍了Premiere Pro 2.0的音频模块和基本应用，关于声音的处理其实非常重要，感兴趣的同学还可以参考影视声音和录音方面的资料。

## 思考和练习题

1. 熟悉Premiere Pro 2.0中对音频的基本处理功能。
2. 给自己的剪辑作品加上适当的音频。

# 第9章

# Premiere Pro 2.0渲染输出

## ※ 本章主要内容

- ◆ Premiere Pro 2.0 渲染输出
- ◆ 区别输出文件类型特征

## ※ 本章难点

- ◆ 区别输出文件类型特征

## ※ 本章重点

- ◆ 区别输出文件类型特征

## ※ 学习目标

- ◆ 掌握Premiere Pro 2.0 渲染输出
- ◆ 区别输出文件类型特征
- ◆ 范例简介

当完成素材的剪接后，要把结果输出成最后的图像文件或录像带，也就是得到一个最终完成的作品。这一阶段是非常重要的收获工作成果的阶段，而且需要软件进行大量的图像运算才能得到结果。这时对硬件的要求显然是CPU越快越好，而内存越大越好了。在Premiere Pro软件方面，则必须根据需要设置相应的渲染文件类型和压缩编码方式。设置恰当，将会得到图像质量很好，而压缩比较大，数据量较小的文件，方便作品的传输和播放；设置不恰当，则可能做几十秒的短片也产生几百M乃至几个G的文件，很不方便。Premiere Pro 2.0支持多种类型图像文件的输出和多种数字图像压缩方式，本章将对其进行讨论学习。

**关键词**

- 渲染输出
- 压缩编码
- DV录像带
- DV Avi文件
- DivX Avi文件
- 输出DVD
- RM文件

本章使用的素材在配套光盘Premiere/lesson9文件夹中。

（1）从Premiere Pro输出到录像带。

连接DV到计算机（1394接口），将DV切换成录像模式

↓

在Premiere Pro中设置正确视频格式（PAL/NTSC）

↓

渲染生成并输出结果

（2）输出成AVI等图像文件。

选择输出命令（Export→Movie）

↓

设置输出文件格式

↓

设置编码方式

↓

渲染生成

（3）输出DVD。

选择输出命令（Export→Export to DVD）

↓

设置编码方式

↓

渲染生成

（4）输出流媒体文件（RM、WMV等）。

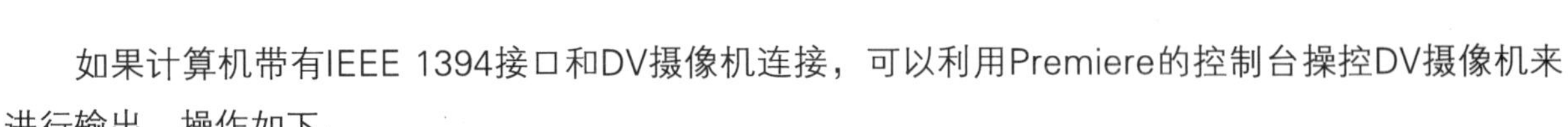

## 9.1 从Premiere Pro输出到录像带

如果计算机带有IEEE 1394接口和DV摄像机连接，可以利用Premiere的控制台操控DV摄像机来进行输出，操作如下：

（1）连接DV接口到计算机的IEEE 1394接口上。

（2）将DV切换成录像模式（REC）。

（3）打开Premiere Pro 2.0，单击Project→General命令，如图9–1所示。

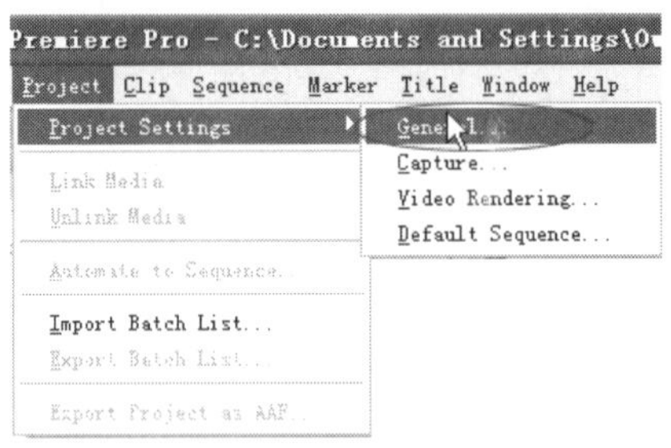


图 9–1　菜单操作

此时，会弹出一个Project Settings对话框，如图9–2所示。

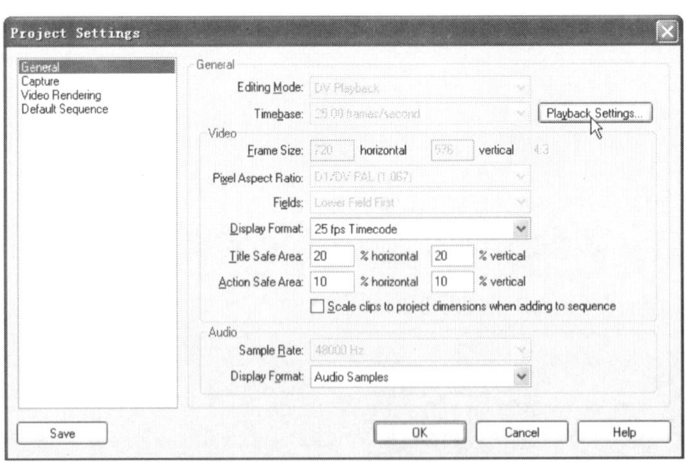


图 9–2　Project Setting 对话框

（4）单击Playback Settings按钮，可以调整影像输出的格式和设置，如图9–3所示。

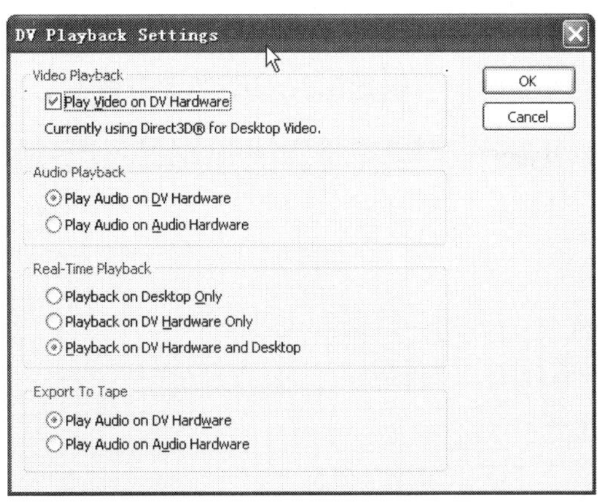


图 9-3　DV Playback Settings 对话框

（5）单击Edit→Preferences命令，对Device Control进行设置，如图9-4所示。

图 9-4　菜单操作

（6）对设备进行如图9-5所示的设置后单击OK按钮关闭设置对话框。

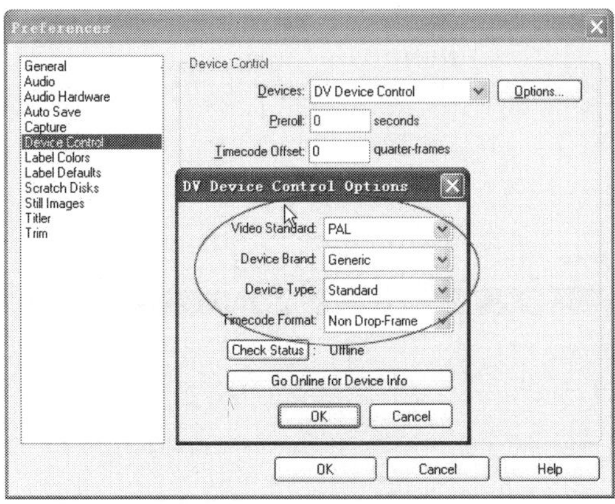


图 9-5　Preferences 对话框

我国的视频标准是PAL制，DV视频也不例外。

（7）单击File→Export to Tape命令可以把影片输出到录像带上，如图9-6所示。

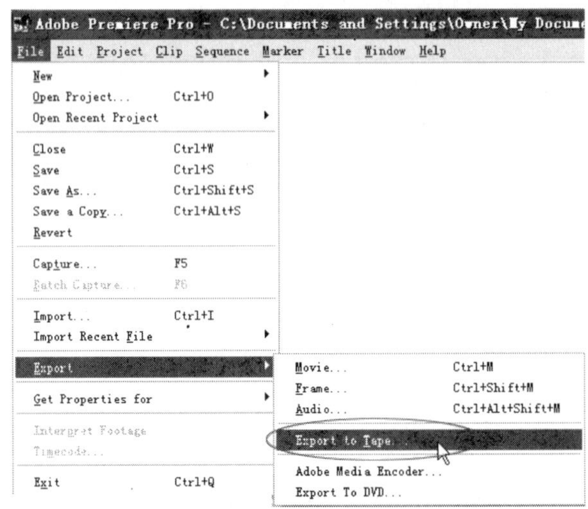

图 9-6　输出影片到录像带中

**专业指点**

输出前，不同类型的素材都需要渲染成DV编码方式的avi文件，需要一定的时间。

# 9.2 输出成AVI等图像文件

## 9.2.1 常规操作过程

（1）选择File→Export→Movie命令，如图9-7所示。

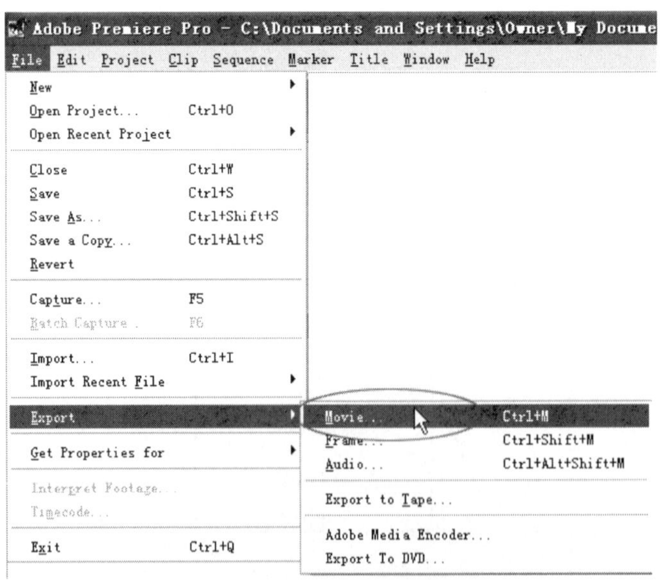

图 9-7　输出的命令操作

（2）在弹出的Export Movie对话框中单击右下角的Setting按钮，如图9-8所示。

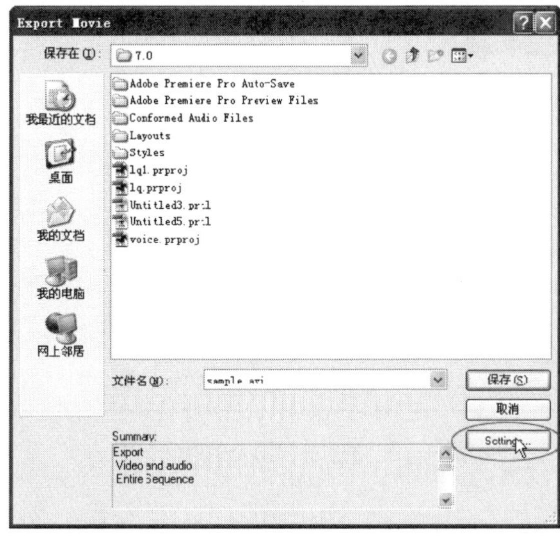

图 9-8　Export Movie 对话框

（3）在Export Movie Settings对话框的File Type下拉列表框中可以按照具体的需要选择不同的输出格式，在这里先选择Microsoft DV Avi图像文件，如图9-9所示。

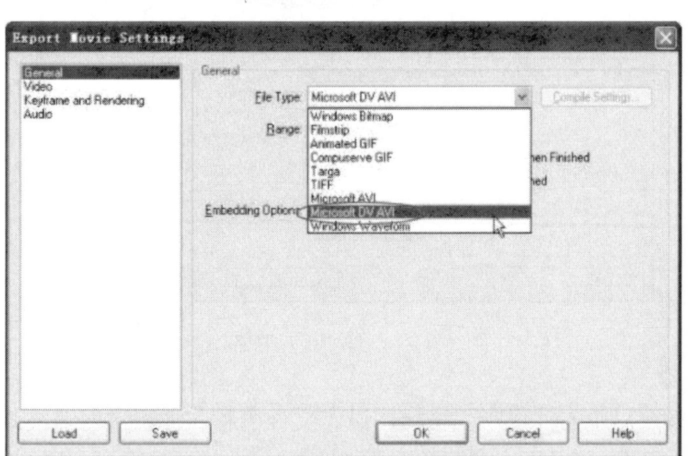

图 9-9　选择图像输出格式

**专业指点**

可以输出以下几种常用的图像文件。

- 序列帧文件：序列帧文件是图像序列帧，常用的有Targa、Tiff、Jpg等，可以得到无压缩最好质量的图像，但是没有声音。
- Microsoft Avi文件：Microsoft Avi是微软公司推出的音视频混合编码的图像文件，可以包括声音，还有不同的编码压缩方式，是PC平台上最为常用的图像文件格式。
- Microsoft DV Avi文件：这种文件也采用DV的编码方式，只有这种文件才能输出到DV录像带上。

后面将分别进行讨论。

（4）在Range中可以调整输出影片的时间范围，如图9-10所示。

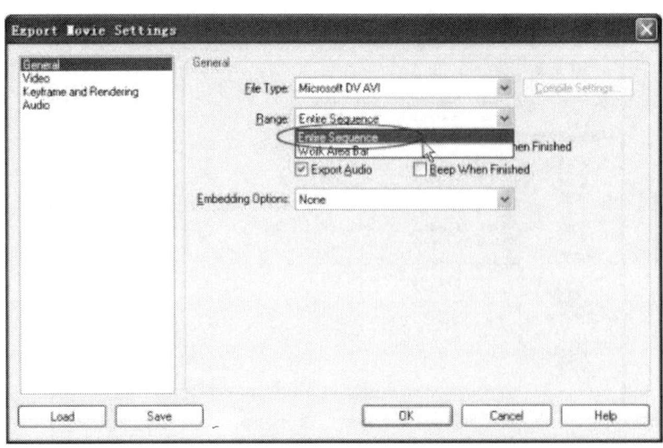


图 9-10　调整输出影片的时间范围

（5）单击左上角的Video，可以对Video的格式等进行设置，默认就是 PAL制的DV编码方式，如图9-11所示。

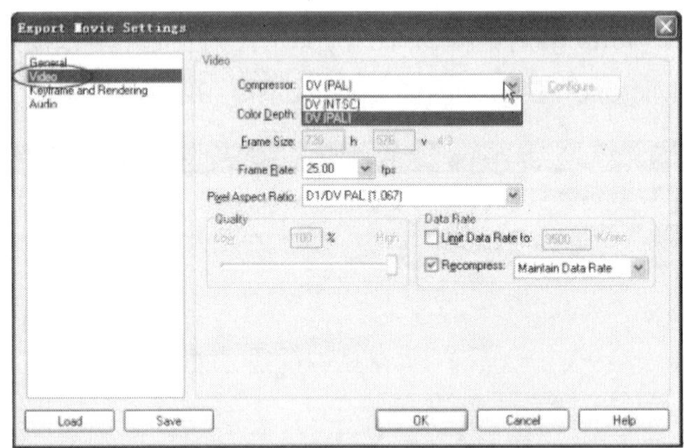


图 9-11　设置 Video 的格式

（6）完成所有的设定后单击“保存”按钮，设定文件名称，即可进行渲染输出，如图9-12所示。

图 9-12　渲染输出

## 9.2.2 实例分析

（1）导入配套光盘中Premiere/lesson9文件夹中的clip01.mpg素材到Premiere Pro软件中，如图9-13所示。

图 9-13　导入素材

（2）将素材加到时间线窗口中，选择任意一段，输出为Tiff图像序列，如图9-14所示。

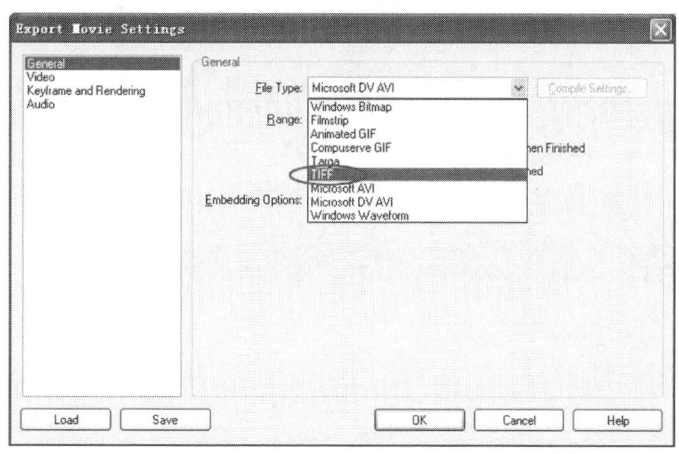


图 9-14　输出 Tiff 图像序列

（3）得到的图像序列如图9-15所示，图像质量最好，但是不能带上声音，且文件所占磁盘空间较大，得到的Tiff图像序列每帧文件约1MB（720×576）。

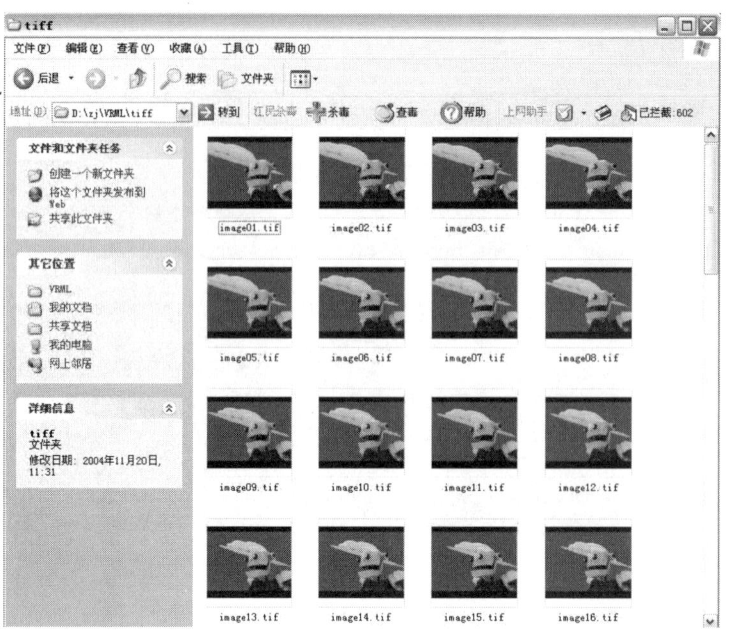


图 9-15　得到的图像序列

（4）在时间线窗口中设定长度为5秒的工作区域，将素材渲染成Microsoft DV Avi图像文件，如图9-16所示。

图 9-16　渲染素材

（5）播放文件，可以看到DV Avi的文件图像很好，占用磁盘空间较大，如图9-17和图9-18所示。

图 9-17　使用 RealOne 工具播放 DV01.avi 文件

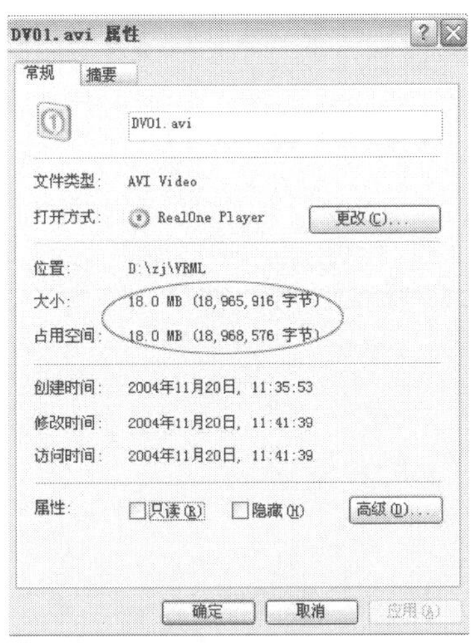


图 9-18　文件属性

**专业指点**

这里可以得出DV Avi图像文件需要的磁盘空间，5秒钟占用18MB空间，则有1秒钟3.6MB（大约）。

DV压缩编码方式处理图像时，图像色彩越丰富，压缩后的图像越大，反之，图像色彩越简单，压缩后的图像越小，因此每帧DV图像大小是不相同的，还可能差别很大。

实际拍摄的DV图像比动画图像的色彩要丰富，一般拍摄1分钟的DV图像，经过1394火线无损失采集到计算机，占用大约200～400MB的磁盘空间。

这样我们就知道如何根据需要制作的节目量来配置计算机硬盘存储空间了。

（6）接下来输出DivX5（MPEG-4）编码方式的Avi文件。选择Microsoft AVI的文件格式，如图9-19所示。

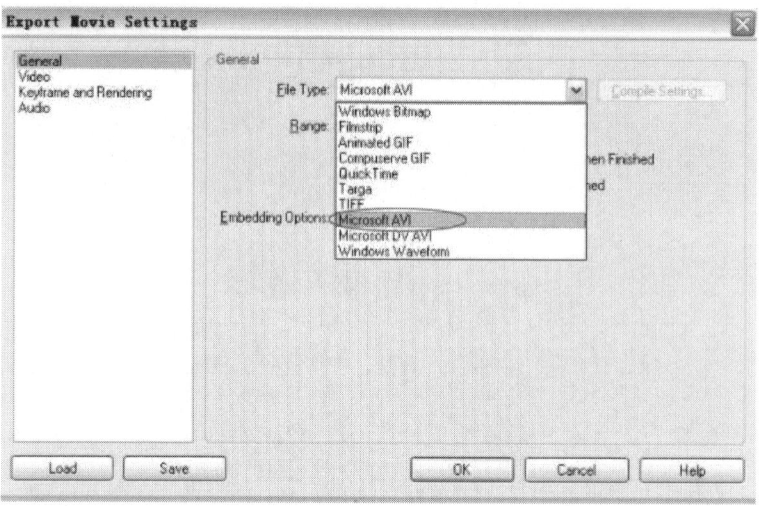


图 9-19　选择文件格式

（7）在Video设置选项中选择DivX Pro 5.02的编码压缩方式，取名为DivX.avi，进行渲染输出，如图9-20所示。

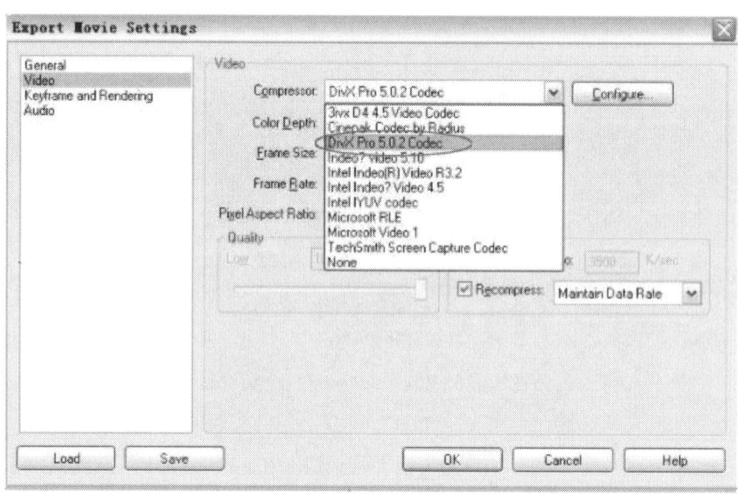


图 9-20　设置并渲染输出

DivX是根据MPEG-4标准开发的一种图像编码压缩工具，压缩速度快，压缩比大，图像质量较好，因此在制作小样时，经常可以选择这样的工具。

要播放DivX编码方式的Avi文件，需要安装 DivX播放插件，然后用Windows系统的媒体播放器就可以播放了。

（8）播放DivX.avi文件，可以看到图像质量有一定损失，但损失不大，而文件非常小，如图9-21和图9-22所示。

图 9-21　播放文件

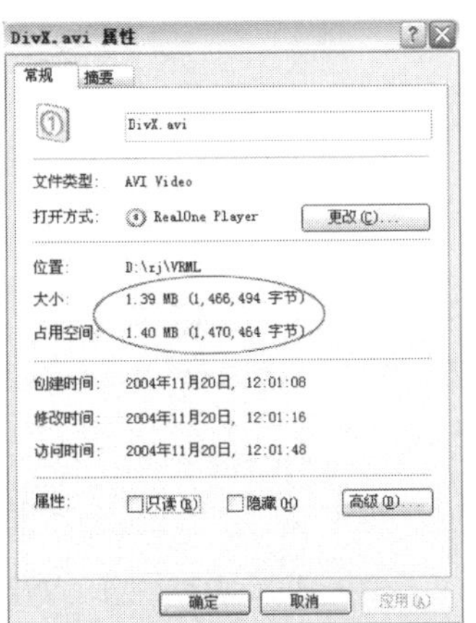


图 9-22　文件属性

## 9.3 输出DVD

Premiere Pro可以直接输出DVD，简单介绍如下：

（1）选择File→Export→Export to DVD命令，如图9-23所示。

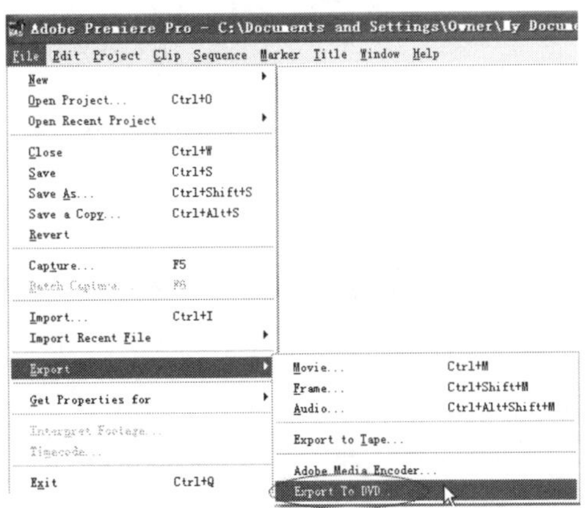


图 9-23　菜单操作

（2）在完成相应的设置后即可开始把影片输出到DVD上，如图9-24所示。

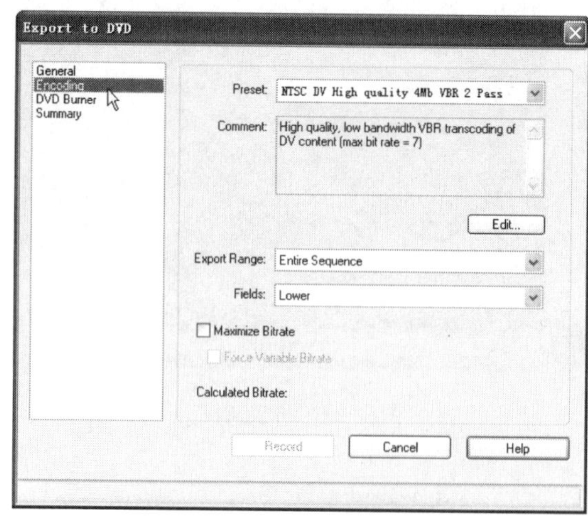


图 9-24　进行相应设置

## 9.4　输出流媒体文件（RM、WMV等）

现在网络平台上的视频图像内容越来越丰富，我们制作的图像产品经常也需要压缩成分辨率较小的流媒体文件发布到网络上，Premiere Pro提供了诸如RM、WMV等多数常用的流媒体文件压缩编码工具，下面就将相同的素材渲染输出成RM的流媒体文件格式。

（1）选择File→Export→Adobe Media Encoder命令，调出Adobe提供的流媒体压缩编码工具，如图9-25所示。

图 9-25　流媒体压缩编码工具

（2）在弹出的对话框中，设置文件格式为RealMedia（RM），如图9-26所示。

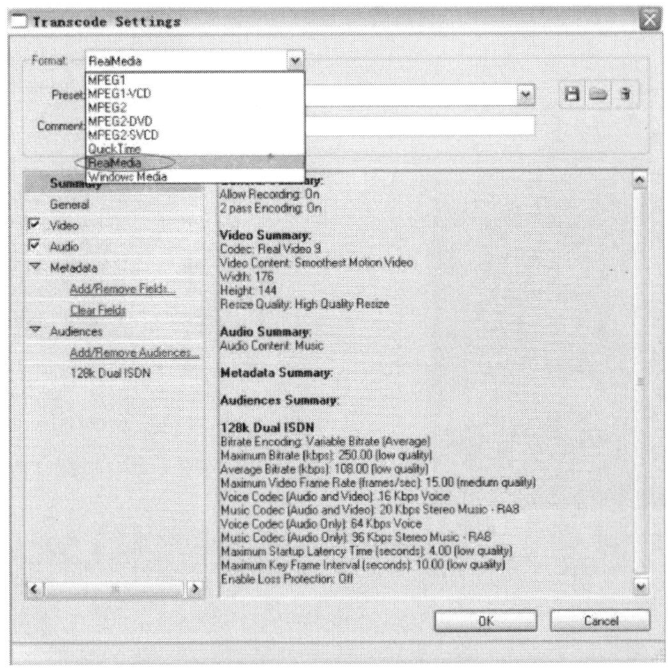


图 9-26　设置文件格式

（3）设置相关流媒体参数，可以选用RM9 PAL download 128的标准，如图9-27所示。

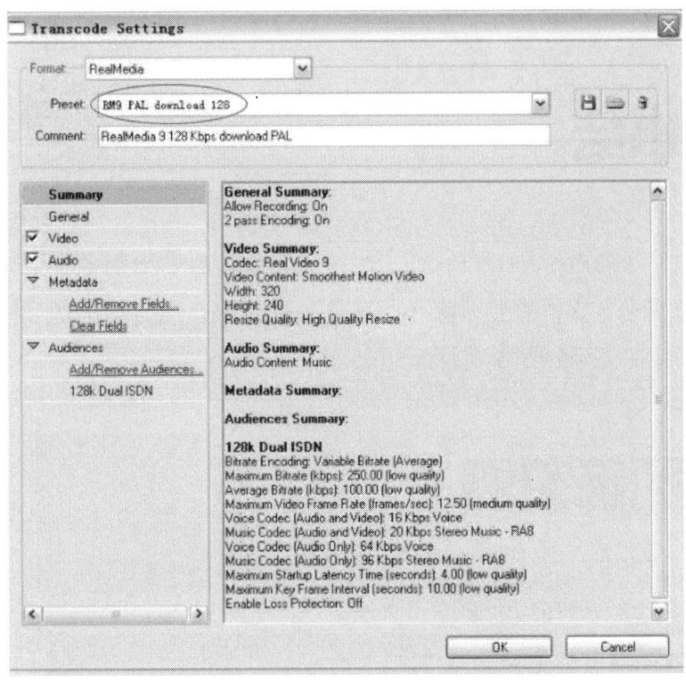


图 9-27　设置相关流媒体参数

**专业指点**

RM流媒体的标准包括最大帧速率、每秒最大数据流量、平均数据流量等。

（4）用RealOne工具播放输出的RM文件，图像非常好（320×240），文件非常小，只有46.4KB，如图9-28和图9-29所示。

图 9-28 播放 RM 文件

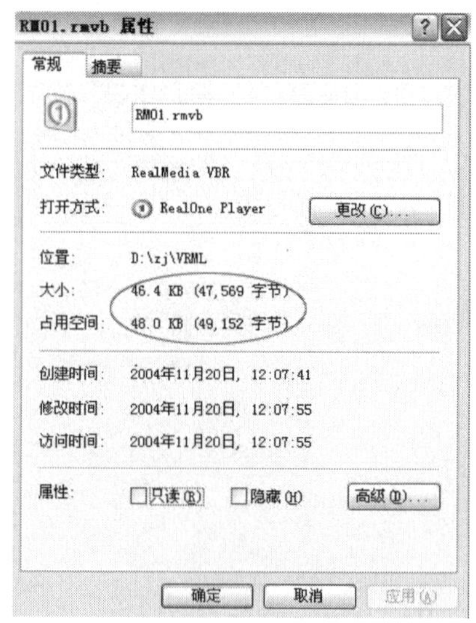

图 9-29 文件属性

**专业指点**

rm和rmvb只是不同的文件扩展名，都是RM 格式的文件，也可以直接改变这两种扩展名，内容完全不变。

## 本章小结

本章全面深入地讨论了将Premiere Pro 2.0的编辑结果渲染输出到各种载体上的方法，尤其是多种数字图像文件及压缩编码方式，需要读者参照实例多去实践，结合相关数字图像理论知识深刻理解各种数字图像的特点，并在实际创作中灵活运用。

## 思考和练习题

1. 掌握Premiere Pro 2.0的几种主要输出方法。
2. 将自己的剪辑作品输出到不同的载体上。

## 动漫游戏设计丛书

## 手机网络影视制作丛书

## 普通高等教育“十二五”规划教材（动漫游戏类）